全国职业院校技能大赛中职组电工电子技术技能比赛赛题集锦

制冷与空调设备组装与调试赛题集

杨少光　组编
顾四方　梁庆东　编

机械工业出版社

本书为全国职业院校技能大赛中职组电工电子技术技能比赛赛题集锦系列丛书之一。编写本书的目的，是给训练学生的指导老师提供一些设计工作任务的参考思路，减少他们在命题时所花费的时间，减轻指导老师的劳动负担。书中精选了“制冷与空调设备组装与调试”比赛项目开展以来，国家级及各个省市级的赛题与训练题，以及部分赛题的评分细则。赛题设计旨在诠释工作过程导向的职业教育理念，引领“以项目为载体，工作任务引领，完成工作任务的行动导向”的课堂教学改革。因此，在任务书形式、考核内容、难度控制、评价标准等方面都与全国技能大赛导向一致，并按照循序渐进的原则安排赛题，符合中等职业学校学生认知规律。

本书紧扣中职组制冷与空调设备组装与调试项目技能大赛，不仅可作为赛前的实用训练题，还可用于制冷与空调专业理论实践一体化教学。

图书在版编目（CIP）数据

制冷与空调设备组装与调试赛题集/杨少光组编；顾四方，梁庆东编．—北京：机械工业出版社，2012.5（2014.3 重印）
（全国职业院校技能大赛中职组电工电子技术技能比赛赛题集锦）
ISBN 978-7-111-37859-4

Ⅰ.①制…　Ⅱ.①杨…②顾…③梁…　Ⅲ.①制冷装置-组装-中等专业学校-竞赛题②空气调节设备-组装-中等专业学校-竞赛题③制冷装置-调试方法-中等专业学校-竞赛题④空气调节设备-调试方法-中等专业学校-竞赛题　Ⅳ.①TB657-44

中国版本图书馆 CIP 数据核字（2012）第 069002 号

机械工业出版社（北京市百万庄大街 22 号　邮政编码 100037）
策划编辑：高　倩　责任编辑：王　娟　版式设计：石　冉
责任校对：于新华　封面设计：马精明　责任印制：李　洋
中国农业出版社印刷厂印刷
2014 年 3 月第 1 版第 2 次印刷
184mm×260mm　12.5 印张·287 千字
2001—3500 册
标准书号：ISBN 978-7-111-37859-4
定价：36.00 元

凡购本书，如有缺页、倒页、脱页，由本社发行部调换

电话服务	网络服务
社服务中心：（010）88361066	门户网：http://www.cmpbook.com
销售一部：（010）68326294	教材网：http://www.cmpedu.com
销售二部：（010）88379649	
读者购书热线：（010）88379203	**封面无防伪标均为盗版**

前　言

全国职业院校技能大赛在引领相关专业建设、创新技能型人才培养模式、促进高技能人才培养质量的提高，实现地区及校际的教学交流与合作等方面都起到了十分重要的作用。技能大赛同时展示了职业教育的丰硕成果和职业院校学生优良的职业素养与高超的技能，为职业教育越来越受到社会各界的关注和促进职业教育健康发展作出了贡献。

全国职业院校技能大赛有效推动了师资队伍建设，为学有所长、勤于耕耘的一线专业教师搭建了展示才华的舞台。他们走出校门，深入企业，自觉践行理论联系实际的优良教风、学风，开发设计出许多既具生产性又具教学性、源于生产又高于生产的优秀教学、竞赛项目和课题，切实提高了课程教学的质量和参赛选手的竞技水平。各地参赛选手竞赛的名次是次要的，主要是通过竞赛检验成果、交流合作、取长补短，共同提高职业教育人才培养质量，让全体学生受益。为此，我们在较大范围内征集整理了制冷与空调设备组装与调试竞赛项目的赛题，以方便教练、教师训练选手和进行任务引领的课程教学改革。

本书由顾四方、梁庆东任编写，由顾四方统稿。在编写过程中，还得到了浙江天煌科技实业有限公司林初克工程师的大力帮助。在此，向所有支持、帮助本书编写工作的单位和人员表示衷心的感谢。

需要说明的是，本书压力单位有 MPa、mmHg、cmHg 及 bar，为了考查学生对这几种单位的运用程度，书中未作统一。

由于编者时间紧促，加上水平有限，书中难免会存在错误和疏漏，敬请读者批评指正。

编　者

目　录

赛题一　操作技能任务书

一、说明

1. 本任务书的编制是以可行性、技术性和通用性为原则。

2. 本任务书依据全国职业院校技能大赛（中职组）“制冷与空调设备组装与调试”的具体工作要求和原劳动部、国家贸易部联合颁布的“中华人民共和国制冷设备维修工职业技能鉴定规范考核大纲”（中级工）设计编制的。

3. 任务完成总时间为4h。

4. 任务完成总分为100分（不含理论题，理论题及答案见附件1、附件2）。

二、任务

任务1　按照大赛提供的THRHZK—1型“现代制冷与空调系统技能实训装置”（简称“装置”，下同），按图1-1所绘制的空调器压缩机的位置，在“装置”的平台上，利用大赛提供的组件、管材，经济、合理地自行设计管路走向，完成单冷空调制冷系统的组装，要求符合分体式空调器的结构（30分）。

具体要求：

1. 按图1-1空调器压缩机的位置，拆装定位，定位尺寸允许误差为±2mm。

2. 选择室内换热器、室外换热器、毛细管组件、空调阀的位置，且应符合分体式空调器的结构，自行设计管路走向。

3. 以最省的铜管用量，完成制冷管路的设计制作并进行组装，达到布局合理、连接可靠、美观。

任务2　按照“中华人民共和国制冷设备维修工职业技能鉴定规范考核大纲”（简称为“大纲”，下同）的要求，对新组装的空调制冷系统进行保压检漏、抽真空和充注制冷剂。（15分）

具体要求：

1. 在进行保压检漏前，用0.8～1.0MPa氮气对空调制冷系统进行分段吹污。

2. 将1.2MPa氮气充入空调制冷系统，并进行保压检漏。自检不漏后，开始申请保压，保压时间为20min。保压开始及结束时，参赛人员应举手示意，由参赛人员在表1-1中记录实训台低压表压力值和保压时间（以赛场挂钟时间为准），并由评委签字确认。

3. 如果发现有泄漏部位，应重新进行上述操作，直到不漏为止。

4. 空调制冷系统抽真空时间不少于30min，抽真空开始及结束时，参赛人员应举手示意，由参赛人员在表1-2中记录抽真空开始及结束的时间（以赛场挂钟时间为准）和双表修理阀低压表压力值，并由评委签字确认。

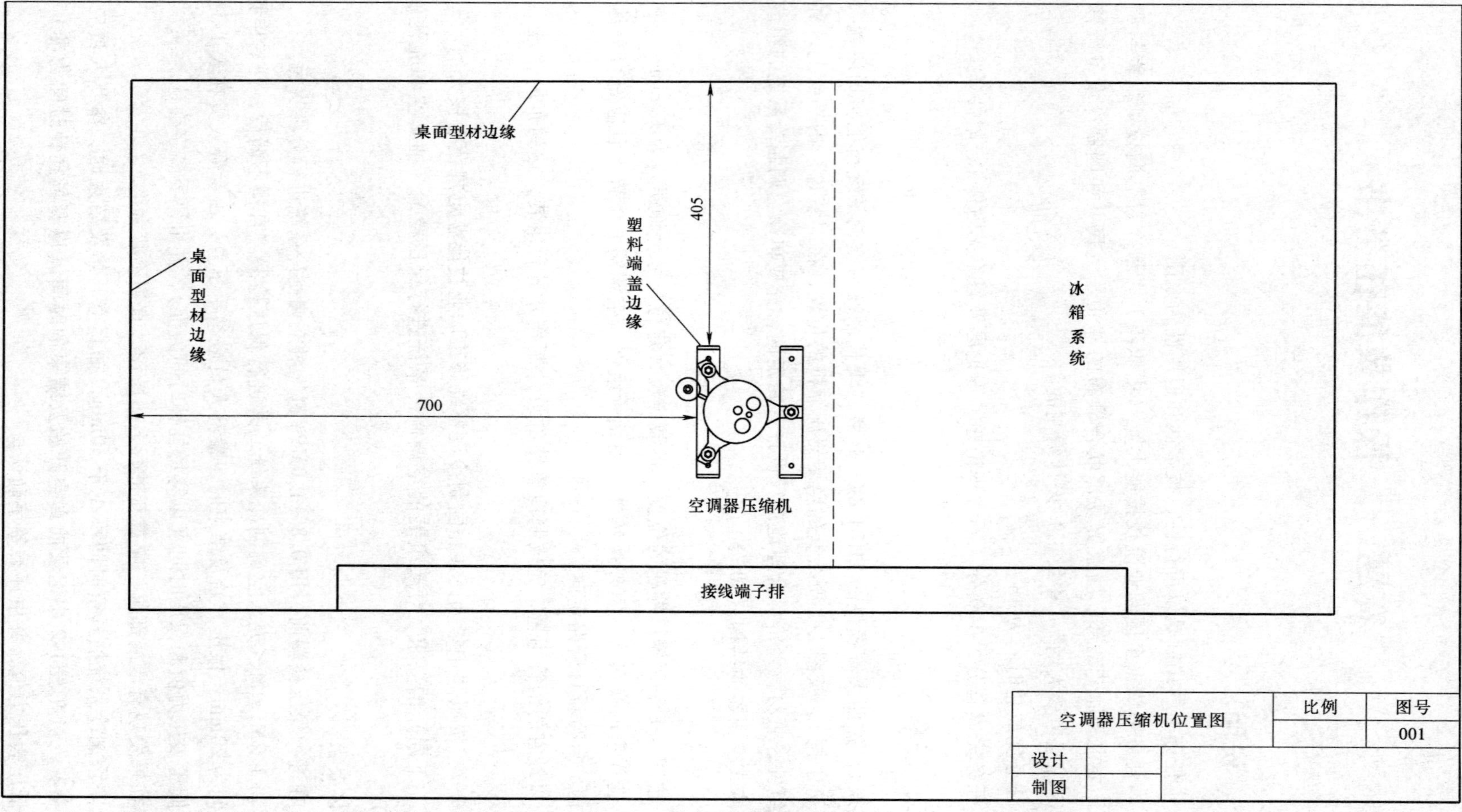

图 1-1　空调器压缩机位置图

5. 禁止将制冷系统或制冷剂钢瓶中的制冷剂向赛场排放，如由于操作不当造成向赛场排放制冷剂，作违规操作处理。

表 1-1 保压操作记录表

项目名称	次数	保压开始			保压结束		
		时间	压力值/MPa	评委确认	时间	压力值/MPa	评委确认
空调系统的保压检漏	第一次						
	第二次						
	第三次						

注：1. 要求空调系统保压时间不少于 20min。
2. 表中数据用圆珠笔或签字笔填写。
3. 表中数据文字涂改项无效。

表 1-2 抽真空操作记录表

项目名称	次数	抽真空开始			抽真空结束		
		时间	低压表压力值/MPa	评委确认	时间	低压表压力值/MPa	评委确认
空调系统抽真空	第一次						
	第二次						
	第三次						

注：1. 要求空调系统抽真空时间不少于 30min。
2. 表中数据用圆珠笔或签字笔填写。
3. 表中数据文字涂改项无效。

任务 3 按照图 1-2 所示电气接线图，进行空调系统电气线路的连接。（15 分）

具体要求：

1. 使用大赛提供的各种电线和配件，连接空调系统的电气线路。
2. 对强、弱电信号的不同导线进行连接，所有电线必须放置于线槽内。
3. 测量空调器室外风机、传感器及压缩机各接线端子时，参赛人员应举手示意，由参赛人员记录在表 1-3 中，并由评委签字确认。

表 1-3 阻值测量记录表

项目名称	测量内容		测量结果/Ω	评 委 确 认
测量空调器室外机、传感器及压缩机各接线端子	室外风机运行绕组阻值			
	室外风机起动绕组阻值			
	管路温度传感器阻值			
	空调器压缩机	CS 两端阻值		
		SR 两端阻值		

注：1. 表中数据用圆珠笔或签字笔填写。
2. 表中数据文字涂改项无效。

任务 4 通电调试运行空调制冷系统，如发现电气系统有故障，给予排除，并测试空调制冷系统其他参数。（15 分）

端子	标注	端子	标注
1	电源相线L	2	电源零线N
3	电源相线L	4	电源零线N
5		6	
7		8	
9		10	
11		12	室外风机 蓝线
13	室内风机 红线	14	室内风机零线 黑线
15	室外风机 红线	16	室内风机 白线
17		18	压缩机运行端
19	空调器环境温度传感器	20	空调器环境温度传感器
21	空调器室内换热器管温传感器	22	空调器室内换热器管温传感器
23	室内风机起动电容 黄线	24	压缩机起动端
25	室外风机起动电容 白线	26	室内风机 蓝线
27		28	
29	空调器压缩机过热保护器一端	30	
31	电源相线L	32	电源零线N
33	电源相线L	34	电源零线N
35		36	
37		38	
39		40	
41		42	冰箱智能温控冷藏室传感器
43	冰箱智能温控冷冻室传感器	44	
45	电冰箱门灯一端	46	冰箱门灯一端
47		48	冰箱电磁阀一端
49	冰箱电磁阀一端	50	冰箱压缩机PTC起动器一端
51		52	
53		54	
55	冰箱压缩机过热保护器一端	56	
57	冰箱智能温控冷藏室传感器	58	冰箱智能温控冷冻室传感器
59		60	
61	电源相线L	62	电源零线N
63	电源相线L	64	电源零线N

电气接线图		比例	图号
			002
设计	命题组		
制图	命题组		

图 1-2　电气接线图

具体要求：

空调制冷系统自检合格后，将空调器调至制冷状态，室内风机调至高档送风。通电运行前，参赛人员应举手示意，并在表1-4中记录开始运行时间，由评委签字确认；运行20min后，参赛人员应举手示意，并由参赛人员在表1-4中记录当前时间及压缩机的吸气压力值及压缩机的运行电流值，由评委签字确认。

表1-4 运行调试记录表

项目名称	项目内容	空调系统	评委确认
通电试运行	系统运行开始时间		
	系统运行结束时间		
	压缩机吸气压力值/MPa		
	压缩机的运行电流/A		

注：1. 要求空调系统运行20min后记录表中数据。
2. 表中数据用圆珠笔或签字笔填写。
3. 表中数据文字涂改项无效。

任务5 按照图1-2所示电气接线图，进行智能冰箱的电路连接，连接完成后通电调试，如发现电气系统有故障，应给予排除，并测试智能冰箱其他参数。（15分）

具体要求：

1. 使用大赛提供的各种电线和配件，连接智能冰箱的电气线路。

2. 根据强、弱电信号的特点用不同导线进行连接，所有的电线必须布放在线槽内。

3. 冰箱设置状态：冷藏室温度2℃；冷冻室温度－18℃；变温室温度0℃；速冻功能off（关）；智能功能off（关）；假日功能off（关）。

4. 冰箱制冷系统自检合格后，按上述要求设置并启动冰箱系统。通电运行前，参赛人员应举手示意，并在表1-5中记录开始运行时间，由评委签字确认；运行20min后，参赛人员应举手示意，并由参赛人员在表1-5中记录当前时间及压缩机的吸气压力值、排气压力值及压缩机的运行电流值，由评委签字确认。

表1-5 运行调试记录表

项目名称	项目内容	冰箱系统	评委确认
通电试运行	系统运行开始时间		
	系统运行结束时间		
	压缩机吸气压力值/MPa		
	压缩机排气压力值/MPa		
	压缩机的运行电流/A		

注：1. 要求冰箱系统运行20min后记录表中数据。
2. 表中数据用圆珠笔或签字笔填写。
3. 表中数据文字涂改项无效。

任务6 职业素质和安全操作。（10分）

具体要求：

1. 遵守赛场纪律，爱护赛场设备。

2. 工位环境整洁，工具摆放整齐。

3. 具体操作均符合安全操作规程。

附件1 赛题一理论试题

注意事项：

1. 本试卷依据相关国家职业标准命制。

2. 请首先按要求在试卷的标封处填写您的姓名、工位号和所在学校的名称。

3. 请仔细阅读答题要求，并在规定位置填写答案。

4. 不要在试卷上乱写乱画，不要在标封区填写无关的内容。

5. 考试时间：90min。

一、单项选择题（第1~60题。选择一个正确的答案，将相应的字母填入题内的括号中。每题1分，满分60分。）

1. 职业是个人在社会中所从事的作为主要生活来源的劳动，其构成要素有：①谋生；②承担社会义务；③（　　）。

A. 为家庭服务　　B. 对社会和国家做贡献

C. 为个人发展　　D. 促进个性健康发展

2. 实际工作岗位中，制冷工属于操作制冷压缩机及（　　），使制冷剂和载冷体在生产系统中循环的制冷工作人员。

A. 辅助设备　　B. 冷冻机　　C. 冷凝器　　D. 中间冷却器

3. 电路基本上由电源、开关、负载和（　　）连接而成。

A. 电容　　B. 导线　　C. 电阻　　D. 电感

4. 晶体管的e代表（　　）。

A. 发射极　　B. 集电极　　C. 基极　　D. 地极

5. 热力学第二定律指出热量的传递具有（　　）。

A. 可逆性　　B. 方向性　　C. 宏观性　　D. 被动性

6. （　　）不是节流装置的功能作用。

A. 降低制冷剂液体的压力　　B. 调节进入蒸发器的制冷液流量

C. 能起到截止阀的启、闭作用　　D. 能起节流、降压作用

7. 被测的最大压力为1MPa，弹簧式压力表的测量范围应是（　　）。

A. 0~1MPa　　B. 0~1.5MPa　　C. 0~2MPa　　D. 0~2.5MPa

8. 排污时，无论使用氮气还是压缩空气，系统内充入的气体压力均为（　　）。

A. 0.3MPa　　B. 0.6MPa　　C. 0.8MPa　　D. 1.0MPa

9. 在冷凝温度一定的情况下，蒸发温度越高，机组的产冷量（　　）。

A. 就会越小　　B. 就会越大

C. 就会不变　　D. 就会增大或减小

10. 在冷凝温度一定的情况下，当蒸发温度（　　）时，排气温度升高。

A. 降低　　B. 升高　　C. 不变　　D. 升高或降低

11. 对于风冷式冷凝器，要获得相对较低的冷凝压力，风量（　　）风温（　　）。

A. 要大，要低　　B. 要大，要高　　C. 要小，要低　　D. 要小，要高

12. 冷凝压力与空气相对湿度的关系是，相对湿度（　　），则冷凝压力（　　）。

A. 高、高　　B. 低、高　　C. 高、低　　D. 不变、变

13. 冷凝压力过高会造成压缩机（　　）升高。

A. 库房温度　　B. 冷却水温　　C. 排气温度　　D. 回气温度

14. 胀管器又称喇叭口（　　），是将铜管端头扩张成喇叭口形状的加工工具。

A. 扩张器　　B. 模具　　C. 胎具　　D. 样具

15. R22 标准工况下，与 $t_0=-15℃$，$t_k=30℃$ 相对应的 $p_0=0.303\text{MPa}$，$p_k=$（　　）。

A. 1.256MPa　　B. 1.246MPa　　C. 1.236MPa　　D. 1.226MPa

16. 单螺杆压缩机内，基元容积分隔成（　　）两个区域。

A. 高压　　B. 低压　　C. 高低压力　　D. 压力相等的

17. 部分电路的欧姆定律是：在闭合电路中，通过电阻的电流与电阻两端的电压（　　），与电阻值成反比。

A. 无关　　B. 数值相等　　C. 成正比　　D. 成反比

18. 制冷剂在过热状态下的气体，被称为（　　）。

A. 过热蒸气　　B. 饱和蒸气　　C. 未饱和蒸气　　D. 过冷蒸气

19. 被冷冻介质为强制循环的水及盐水时，蒸发温度和工艺温度之差一般取（　　）。

A. 4℃左右　　B. 5℃左右　　C. 6℃左右　　D. 7℃左右

20. 一般情况下，冷凝器的进出水温差应为（　　）左右。

A. 1℃　　B. 5℃　　C. 10℃　　D. 15℃

21. 压力表量程的选择，应以不超过压力表刻度标尺的（　　）为准。

A. 2/3　　B. 1/3　　C. 1/2　　D. 1/4

22. 压缩式制冷系统中，常用的压缩机有活塞式、离心式、螺杆式等（　　）。

A. 三种机型　　B. 三种机体　　C. 三种系统　　D. 三种模式

23. R22 标准工况是：蒸发温度 -15℃，吸气温度 15℃，冷凝温度（　　），过冷温度 25℃。

A. 22℃　　B. 26℃　　C. 30℃　　D. 35℃

24. 国家标准规定冷水机组冷水进口温度 12℃，出口温度（　　）。

A. 4℃　　B. 5℃　　C. 6℃　　D. 7℃

25. 制冷设备中的制冷剂泄漏会引起爆炸、（　　）等危害人民生命和财产安全的重大事故。

A. 中毒　　B. 灼伤　　C. 火灾　　D. 腐蚀

26. 压缩机能量调节是指调节制冷压缩机的（　　）。

A. 转速　　B. 功率　　C. 吸、排气管径　　D. 制冷量

27. 空气分离器是一种（　　）分离设备。

A. 气-气　　B. 液-液　　C. 气-液　　D. 气-固

28. 载冷剂又称（　　）。

A. 冷媒　　B. 制冷剂　　C. 气缸套冷却水　　D. 冷凝器冷却水

29. 压缩机的排气（　　），可从排气管道上的温度计测得。

A. 湿度　　B. 密度　　C. 温度　　D. 状态

30. 制冷系统的管道隔热层好，回气（　　）度小。

A. 导热　　B. 回热　　C. 过热　　D. 放热

31. 低压制冷系统，气密性试验压力为（　　）。

A. 0.9MPa　　B. 1.0MPa　　C. 1.1MPa　　D. 1.2MPa

32. 工业氮气可用于油管道内脏物的吹除以及受压部件的（　　）。

A. 密封检查　　B. 承压检漏　　C. 气密试验　　D. 泄压检验

33. 直流电的安全电压为48V、24V、（　　）、6V。

A. 11V　　B. 12V　　C. 13V　　D. 14V

34. 交流电的安全电压是（　　）、12V。

A. 35V　　B. 36V　　C. 37V　　D. 38V

35. 常见触电的三种形式是：接触触电、接触电压触电、（　　）电压触电。

A. 跨步　　B. 静电　　C. 高频　　D. 高压

36. 压缩机负荷的调整，是指压缩机的产冷量与外界的（　　）保持平衡。

A. 相对湿度　　B. 冷负荷　　C. 环境　　D. 气温

37. 冷凝温度（　　），冷凝压力也相应升高。

A. 提高　　B. 不变　　C. 稳定　　D. 升高

38. 压缩机吸气温度（　　）是因为制冷剂气化不良所致。

A. 稳定　　B. 不变　　C. 过低　　D. 过高

39. 压缩机排气温度的高低同压力比和吸气温度成（　　）。

A. 对比　　B. 反比　　C. 正比　　D. 等比

40. 水流开关是一种控制水流量的电开关，通常安装在（　　）蒸发器的出口。

A. 冷水机组　　B. 冷冻机组　　C. 冷凝机组　　D. 压缩机组

41. （　　）开启不足是因为柱形阀孔表面粗糙度偏大，或阀芯呈椭圆或圆锥形。

A. 浮球阀　　B. 膨胀阀　　C. 制冷机　　D. 压缩机

42. 润滑油的黏度（　　），润滑性能恶化。

A. 变化　　B. 降低　　C. 上升　　D. 超标

43. 根据热负荷大小来选择压缩机，使运转的（　　）相平衡。

A. 压缩机温度与热负荷　　B. 压缩机油压与热负荷

C. 制冷量与热负荷　　D. 压缩机制冷量与热负荷

44. 常用量具有（　　）、游标卡尺、千分尺、内径量表等。

A. 钢直尺　　B. 钢板尺　　C. 钢卷尺　　D. 角度尺

45. “检修表”中应有项目内容、（　　）标准、实测数据及备注栏。

A. 检验　　B. 实测　　C. 检修　　D. 测量

46. 防爆5措施是：①管好易燃、易爆物；②控制空气中易燃物浓度；③制冷机的贮液器和满液管的阀门不能全关且勿过快升温；④操作现场需有防燃防爆措施；⑤控制（　　）。

A. 明火　　B. 暗火　　C. 阻火设备　　D. 阻火闸门

47. 电流的国际单位是安培，安培用（　　）表示。

A. 10^6A　　B. 10^3A　　C. 10^{-6}A　　D. A

48. 绘制接线图的规则之一是按（　　）绘制，可以从图上了解元件的尺寸和导线的长度。

A. 图形符号　　B. 电气原理　　C. 一定比例　　D. 实际安装位置

49. 在电容滤波器之前（　　）的电感线圈，就组成了电感电容滤波电路。

A. 串联两个带铁心　　B. 并联两个不带铁心

C. 并联一个不带铁心　　D. 串联一个带铁心

50. YWK-22型高低压组合式压力控制器对R717、R22制冷剂的高压切断值为（　　）MPa。

A. 2.6　　B. 1.6　　C. 0.6　　D. 0.06

51. 在热力过程中，物质的状态没变化，只是温度因吸热而升高，此时物质吸收的热量称为（　　）。

A. 温度差　　B. 比热容　　C. 潜热　　D. 显热

52. 制冷系统中积油过多，会使（　　）降低。

A. 冷热交换　　B. 对流换热　　C. 放热效果　　D. 传热系数

53. 两级压缩式制冷循环中，冷凝压力降到蒸发压力是由一个节流阀完成的，称为(　　)。

A. 一级节流　　B. 二级节流　　C. 中间完全冷却　　D. 中间不完全冷却

54. 冷却水泵水量和冷凝器实际耗水量之间的关系是（　　）。

A. 二者相等　　B. 前者大　　C. 后者大　　D. 谁大谁小无所谓

55. 低压循环贮液器同时起到（　　）和保证向蒸发器均匀供液的作用。

A. 气、液分离　　B. 气、气分离　　C. 液、液分离　　D. 液、固分离

56. 运转中的压缩机，如需更换蒸发系统时，应先停止压缩机运转，然后（　　）重新起动压缩机。

A. 停止供液　　B. 调整冷风　　C. 调整阀门　　D. 改变冷却

57. 对于材质有问题的阀片，安装前一定要挑出，否则会造成（　　）。

A. 故障　　B. 严重后果　　C. 不合格　　D. 渗透

58. 制冷剂蒸气过热后，其温度与同压力下干饱和蒸气温度相比，结果是（　　）。

A. 两者相同　　B. 前者略低　　C. 前者低得多　　D. 后者略低

59. 高压级理论输气量与低压级理论输气量的比值称为（　　）。

A. 实际输气量之比　　B. 理论输气量之比

C. 排气系数　　D. 吸气系数

60. 乙醇对金属（　　）腐蚀性。

A. 无　　B. 有　　C. 温度较低时有　　D. 温度较高时有

二、判断题（第 61 ~ 80 题。将判断结果填入括号中，正确的填“√”，错误的填“×”。每题 1 分，满分 20 分。）

61.（　　）职业道德是指在一定条件下，调整人们之间信仰关系的规范准则。

62.（　　）实际工作岗位中，制冷工属于操作制冷压缩机使缓蚀剂和载冷体在生产系统中循环制冷人员。

63.（　　）制冷工的主要工作职责不包括确定制冷系统运行方案。

64.（　　）蒸发式冷凝器属于空气和水混合式冷凝器。

65.（　　）当用表压表示某压力值时，在单位后面必须加以注明。

66.（　　）在热力过程中，物质由于被冷却温度下降的同时状态也发生了变化，该物质所放出的热量叫做潜热。

67.（　　）在冷凝温度一定的情况下，当蒸发温度降低时，会使单位压缩耗功增大。

68.（　　）单相桥式整流电路在变压器二次电压 u 的正半周时，其极性是上正下负，二极管 VD_1、VD_3 导通，VD_2、VD_4 截止，负载 R_L 得到一个半波电压。

69.（　　）气密性试验操作的关键就是检漏。

70.（　　）正弦交流电的三要素是电压、电流和电源。

71.（　　）当压缩机排气压力达到高压控制器设定压力时，压缩机报警。

72.（　　）工业氮气可用于油管道内油膜的吹除以及受压部件的密封检查。

73.（　　）载冷剂按化学成分分为有机载冷剂和无机载冷剂。

74.（　　）按照国家劳动部门的规定，压力表的使用期限为半年。

75.（　　）冷凝温度升高，导致制冷量下降，耗功下降，所以对制冷系数没有影响。

76.（　　）低压电器四大类开关是：①刀开关；②组合开关；③按钮；④熔断器。

77.（　　）常用的有机载冷剂是甲醇和乙苯。

78.（　　）采用旁通能量调节，可防止热负荷很小时吸气压力过低导致的压缩机无法起动。

79.（　　）制冷压缩机打开低压吸气阀时应缓慢，压力控制在 0.05MPa。

80.（　　）压缩机的高压部分或采用制冷剂的制冷机应选用高压纸板作为密封垫。

三、简答（计算）题（第 81 ~ 82 题，每题 6 分；第 83 题，8 分；满分 20 分。）

81. 根据图 1-3，设计绘制电源模块原理图，并计算 U_1。（提示：12V 与 5V 电源的电流无要求）。

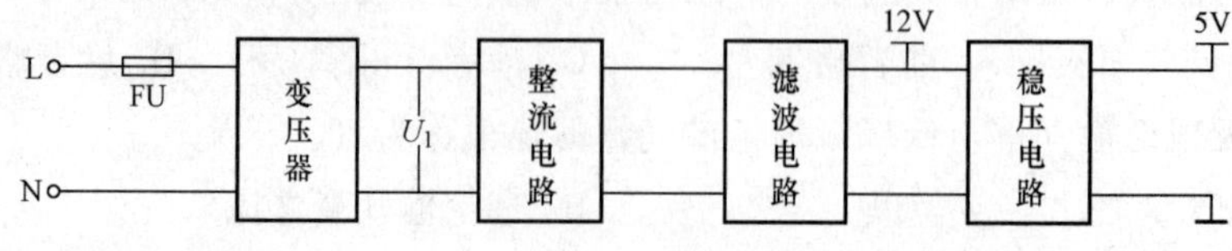

图 1-3　直流稳压电路

82. 绘制热泵型空调器四通电磁换向阀的结构示意图，并简要说明其工作原理。

83. 图 1-4 是冰箱电子温控器电气控制模块的一部分，温度检测电路由温度传感器 R_1 与电阻 R_2 串联组成，根据热敏电阻的温度特性，温度越低，热敏电阻的阻值越大。在 −5℃ 和 30℃ 时，分别计算 U_1、U_2、U_3、U_4 的数值，并说明 RY01 继电器的工作状态。（注：−5℃ 时温度传感器的阻值 R_1 = 18.38kΩ；30℃ 时温度传感器的阻值 R_1 = 4.12kΩ）

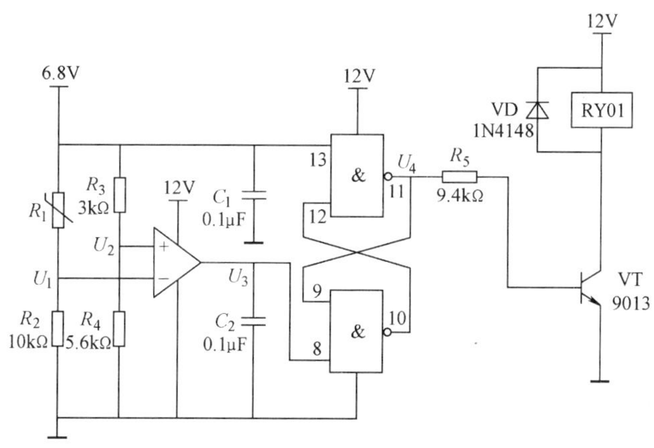

图 1-4　冰箱电子温控器电气控制模块

附件 2　赛题一理论题答案

一、单项选择题

1. D　2. A　3. B　4. A　5. B
6. C　7. B　8. B　9. B　10. A
11. A　12. A　13. C　14. A　15. D
16. C　17. C　18. A　19. B　20. B
21. A　22. A　23. C　24. D　25. A
26. D　27. A　28. A　29. C　30. C
31. D　32. A　33. B　34. B　35. A
36. B　37. D　38. C　39. C　40. A
41. A　42. D　43. D　44. A　45. D
46. A　47. D　48. C　49. D　50. B
51. D　52. D　53. A　54. B　55. A
56. C　57. B　58. D　59. B　60. A

二、判断题

61. ×　62. ×　63. ×　64. √　65. √
66. ×　67. √　68. ×　69. √　70. ×
71. ×　72. ×　73. √　74. ×　75. ×
76. ×　77. ×　78. √　79. √　80. ×

三、简答（计算）题

81.

答案（1）：

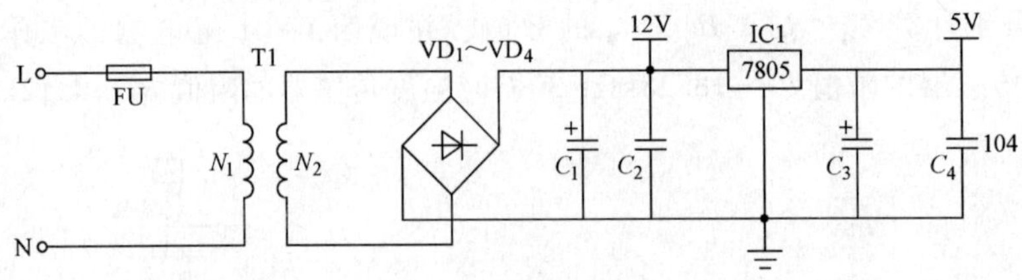

图 1-5　直流稳压电路

$U_1 = 12/1.2\text{V} = 10\text{V}$

答案（2）：

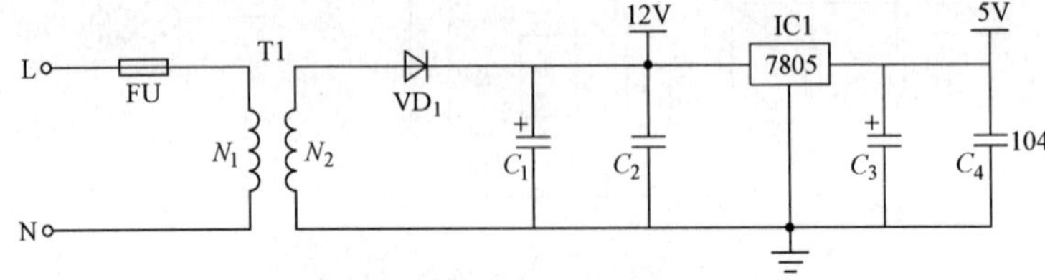

图 1-6　直流稳压电路

$U_1 = 12/0.9\text{V} = 13.3\text{V}$

82.

空调器在制冷时，电磁阀不得电，四通阀的 1 与 4 相通、2 与 3 相通；空调器在制热时，电磁阀得电，四通阀的 1 与 2 相通、3 与 4 相通。

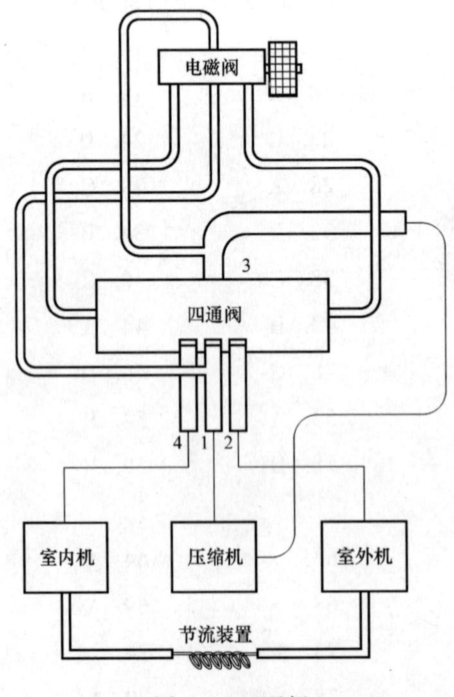

图 1-7　四通阀

83.

（1）30℃时温度传感器阻值 $R_1=4.12\text{k}\Omega$。

$$U_1=[6.8/(4.12+10)]\times 10\text{V}\approx 4.82\text{V}$$

$$U_2=[6.8/(3+5.6)]\times 5.6\text{V}\approx 4.43\text{V}$$

$$U_3=0\text{V}$$

$$U_4=0\text{V}$$

VT（9013）处于截止状态，RY01 继电器不动作。

（2）-5℃时温度传感器阻值 $R_1=18.38\text{k}\Omega$。

$$U_1=[6.8/(18.38+10)]\times 10\text{V}\approx 2.40\text{V}$$

$$U_2=[6.8/(3+5.6)]\times 5.6\text{V}\approx 4.3\text{V}$$

$$U_3=12\text{V}$$

$$U_4=12\text{V}$$

VT（9013）处于饱和状态，RY01 继电器处于保持状态。

赛题一　评分细则

任务	评分内容	评分要素	配分	评分标准
1	空调器压缩机的位置要求符合分体式空调器的结构，在“装置”的平台上，利用大赛提供的组件、管材，经济、合理地自行设计管路走向，完成单冷空调制冷系统的组装(30分)	空调器压缩机按图定位	3	空调器压缩机定位尺寸误差在 ±2mm，得3分 空调器压缩机定位尺寸误差在 ±3mm，得2分 空调器压缩机定位尺寸误差在 ±4mm，得1分 空调器压缩机定位尺寸误差超出 ±5mm，此项不得分
		符合分体式空调器的结构	15	以室内换热器和室外换热器为分界线： 室外换热器、毛细管组件、两个空调阀均与压缩机放在同一侧，符合分体式空调器的结构，得15分 室外换热器、毛细管组件与压缩机放在同一侧，得12分 室外换热器、两个空调阀与压缩机放在同一侧，得8分 室外换热器与压缩机放在同一侧，得3分 毛细管组件、两个空调阀与压缩机放在室内换热器一侧，完全不符合分体式空调器的结构，此项不得分
		以最省的铜管用量，完成制冷管路的设计制作并进行组装，达到布局合理、连接可靠、美观	12	3/8″铜管用量≤900mm、φ6mm铜管用量≤500mm，布局合理、连接可靠、美观，得10分(已焊好的T形管和空调阀上已焊好的管子除外，下同) 3/8″铜管用量≤1000mm、φ6mm铜管用量≤600mm，布局合理、连接可靠、美观，得7分 3/8″铜管用量≤1200mm、φ6mm铜管用量≤700mm，布局合理、连接可靠、美观，得5分 3/8″铜管用量≥1500mm、φ6mm铜管用量≥800mm，布局合理、连接可靠、美观，得3分 空调器管路安装不横平竖直每根扣1分，最多扣3分 管子压扁或扭曲每处扣1分，最多扣3分 固定件缺少或没有紧固每处扣1分，最多扣3分 未套保温管每处扣1分，最多扣3分 铜管布局不合理(交叉或碰撞)每处扣1分，最多扣3分 此项最多扣12分；损坏工具此项不得分
		不按题意操作		压缩机未按题意移位，此题不得分
2	空调制冷系统保压检漏、抽真空，充注制冷剂(15分)	空调制冷系统保压检漏	5	空调制冷系统吹污、保压、检漏操作正确且所有检漏部位不漏得5分 不进行吹污操作扣2分 空调器保压压力没有控制在1.2MPa或数据填错扣1分，未按任务书读指定的仪表扣2分 保压时间不足20min扣1分；不足15min扣2分；不足10min扣3分 检漏后肥皂水未清理每处扣0.5分，最多扣2分 用制冷剂吹污或排除管路空气，此项不得分
		空调制冷系统抽真空	8	空调制冷系统抽真空30min，双表修理阀低压表压力值在 -60cmHg以下得8分 抽真空时间不足30min扣2分；不足25min扣3分；不足20min扣4分 双表修理阀低压表压力值在 -60cmHg以上扣2分；在 -50cmHg以上扣3分，最多扣4分 未进行抽真空操作，此项不得分

（续）

任务	评分内容	评分要素	配分	评分标准
2	空调制冷系统保压检漏、抽真空，充注制冷剂（15分）	空调制冷系统充注制冷剂	2	制冷剂充注量合适得2分（要求空调器压缩机吸气压力在0.35～0.45MPa） 空调器压缩机运行电流有效范围:1.9～2.2A 充注过程中造成少量泄漏扣2分 从制冷系统或制冷剂钢瓶向赛场排放制冷剂按违规扣分
3	空调器电气线路的连接(15分)	空调器电气线路的连接	10	正确完成空调器电气控制系统接线，工艺符合要求得10分： 线槽内布线混乱或未放置在线槽内扣2分 强电导线、弱电信号线未分开扣3分 一处未套号码管扣0.5分，最多扣2分 一处未套热缩管扣0.5分，最多扣2分 一处电线对接处未加焊锡扣0.5分，最多扣2分 一处电线铜线外露扣2分 未能完成布线，少接一根线扣1分 此项最多扣10分 未按题意接线，此项不得分
		测量空调器室外风机、环境温度传感器、空调器压缩机阻值	5	空调器室外风机起动绕组阻值在1350～1650Ω内得1分，否则不得分 空调器室外风机运行绕组阻值在800～850Ω内得1分，否则不得分 环温传感器阻值在4.2～4.9kΩ内得1分，否则不得分 空调器压缩机起动绕组阻值在10.0～11.5Ω内得1分，否则不得分 空调器压缩机运行绕组阻值在15.6～16.5Ω内得1分，否则不得分
4	空调系统运行（15分）	空调器电气部分	7	空调器室外风机风向正确，得1分 空调器室内风机风向正确，得1分 空调器挂箱与接线端子排连线整齐、有序得3分 导线接插高度不超过2个，得2分 不应带电测量的物理量，带电测量，但未造成触电事故扣6分，造成触电按违规扣分
		测试空调系统其他参数	8	空调器压缩机吸气压力在0.35～0.45MPa范围内得4分，否则不得分 空调器压缩机运行电流在1.9～2.2A范围内得4分，否则不得分
5	冰箱的电路连接、检查、调试和排除冰箱电气系统故障(15分)	冰箱电气线路的连接	7	正确完成冰箱电气控制系统接线，且工艺符合要求得7分 线槽内布线混乱或未放置在线槽内扣2分 强电导线、弱电信号线未分开扣3分 一处未套号码管扣0.5分，最多扣2分 一处未套热缩管扣0.5分，最多扣2分 一处电线对接处未加焊锡扣0.5分，最多扣2分 一处电线铜线外露扣2分 未能完成布线，少接一根线扣1分 （此项扣完为止）
		冰箱电气系统故障排除	5	不按接线图接线或接线不完整，本项得0分 带电检测电路未造成触电事故的，本项得0分；造成触电事故的按违规扣分 未能正确使用万用表，扣2分 未能判断二位三通电磁阀线圈按制电路板故障，扣3分

（续）

任务	评分内容	评分要素	配分	评分标准
5	冰箱的电路连接、检查、调试和排除冰箱电气系统故障(15分)	测量冰箱压缩机有关参数	3	冰箱压缩机吸气压力在－0.04～－0.02MPa范围内,得1分,否则不得分 冰箱压缩机排气压力在0.4～0.5MPa范围内,得1分,否则不得分 冰箱压缩机运行电流在0.43～0.48A范围内得1分,否则不得分
6	职业素质和安全操作(10分)	职业素质和安全操作	10	没有穿劳动部门认定的电工绝缘鞋,扣2分 将扳手、专用硬件工具等放到“装置”台面和电器挂箱上,扣2分 在“装置”台面或挂箱上拖动部件,扣2分 将材料、工具等放到他人场地,扣2分 完成任务未能清理场地,扣2分 (此项最多扣10分)

违规扣分：

1. 在完成工作任务过程中，因操作不当导致大量制冷剂泄漏扣10分。

2. 在完成工作任务过程中，因操作不当导致触电或烫伤，一项扣20分。

3. 因违规操作，损坏赛场设备扣20分。

4. 扰乱赛场秩序，干扰评委的正常工作扣20分，情节严重者，经首席评委同意，取消参赛资格。

5. 在参赛过程中作弊，经首席评委同意，取消参赛资格。

赛题二　操作技能任务书

一、任务描述

“制冷与空调设备组装与调试”技能大赛，依据国家职业资格鉴定“制冷设备维修工”职业（工种）高级工标准，结合制冷与空调专业教学实际，以THRHZK—1型现代制冷与空调系统技能实训装置为操作平台，设定了制冷与空调设备组装与调试任务，需完成热泵型空调器的制冷系统的设计与安装、系统吹污、打压检漏、抽真空、充注制冷剂、电气控制系统接线与运行调试等任务；智能温控型冰箱的制冷系统赛前已经安装完毕，只需完成系统吹污、打压检漏、抽真空、充注制冷剂、排除电气控制系统故障、运行调试任务。

完成任务总时间：240min。

二、竞赛要求

1. 仔细阅读题目，正确理解任务的操作内容和操作要求。
2. 正确使用专用工具，操作安全规范。
3. 部件安装、电路及管路连接正确、可靠，符合要求。
4. 爱惜赛场设备和器材，尽量减少耗材的浪费。
5. 保持工作台及附近区域干净整洁。
6. 操作过程需要记录的数据根据要求须评委确认签字，如无记录、无评委签字，则该项操作不得分。
7. 若发现填写的数据错误需要修改，可以填入下一行，不允许涂改，否则数据无效。
8. 竞赛过程中如有异议，可向现场评委反映，不得扰乱赛场秩序。
9. 遵守赛场纪律，尊重评委，服从指挥。

三、任务

任务1　空调制冷系统设计与安装。(30分)

任务操作	任务要求
1. 根据任务要求，自行设计热泵型空调器组成设备在实训平台上的所在位置，并将其安装就位 2. 根据自己已安装就位的各个设备的位置，合理设计管路走向，确定管径并测量管路所需管长 3. 根据测量尺寸，截取铜管进行加工制作，正确选择配件，采用焊接或者螺纹连接的方式，完成热泵型空调制冷系统以及压缩机吸、排气压力表的安装和连接 4. 测量剩余铜管长度(长度小于150mm的管子不计)，计算使用量，填入表2-1 5. 绘制自己设计、布置的各个设备的实际位置(不需标注位置尺寸)，并用管线连接成系统原理图	1. 设备之间的位置关系尽量符合实际空调器的布局，内、外机内设备须相对集中在各自区域 2. 尽量减少管子的用量，要求以最少铜管用量完成系统安装 3. 尽量减少铜管用量及弯头数，管路布局合理、不能相互影响和接触，管路走向平直、美观 4. 管路焊接、连接须美观、正确、可靠 5. 操作结束，必须将剩余所有铜管整齐摆放在各组配发的桌子上，否则认定选手配发铜管全部用完 6. 绘制系统原理图时，不需画出外形图，以结构示意图表示即可

表 2-1 铜管领用记录表

规格	领用铜管/mm	剩余铜管/mm	实际用量/mm
ϕ9.52mm			
ϕ6.35mm			
ϕ3mm			
评委签字			

任务 2 空调器电气控制系统设计、接线与调试。(15 分)

任务操作	任务要求
1. 设计线缆走向,选择线缆 2. 测量、正确选择、安装电气元件 3. 测量所需线缆长度,将电气元件及设备接至端子排上并标注线号 4. 将线缆布放于线槽内,酌情固定 5. 分别测量空调器压缩机绕组阻值及室内、外风机绕组阻值、冰箱压缩机绕组阻值,并将数值填入表 2-2 6. 启动系统试运行 7. 如系统不能启动或有其他故障,自行排查处理,并将排查过程填入表 2-3,如无故障,则不填	1. 功能要求:热泵型空调器实现遥控启动、控制功能,制冷、制热功能,温度调节与控制功能,压缩机过热、过电流保护功能,室内风机高、中、低三档调速功能 2. 器件与端子排按图 2-1 要求连接 3. 尽量减少线缆等材料的损耗,要求以最短线缆安装完成电气控制系统 4. 相线、零线选用 1.0mm^2 线缆,控制信号线选用 0.5mm^2 线缆,设备电源线选用 0.75mm^2 线缆 5. 线缆与端子排连接须包锡处理,线缆对接须外套热缩管 6. 空调器系统线缆布放于右侧(面对挂箱),线槽内强电、弱电线缆分别布放 7. 线槽内、外布线整齐、美观 8. 阻值测量须评委现场验证读数正确性,否则数据无效

端子	名称	端子	名称
1	电源相线L	2	电源零线N
3	电源相线L	4	电源零线N
5	空调器压缩机公共端	6	空调器压缩机运行端
7	空调器压缩机起动端	8	空外风机公共端
9	室外风机运行端	10	空外风机起动端
11	室内风机高速	12	空内风机中速
13	室内风机低速	14	空内风机起动端
15	室内风机零线	16	四通阀
17	四通阀	18	室内环境温度传感器
19	室内环境温度传感器	20	室内管路温度传感器
21	室内管路温度传感器	22	
23		24	
25		26	
27		28	
29		30	
31	电源相线L	32	电源零线N
33	电源相线L	34	电源零线N
35	冰箱压缩机公共端	36	冰箱压缩机PTC起动器端
37	管道加热器接压缩机端	38	电磁阀相线
39	电磁阀零线	40	冷藏室温度传感器
41	冷藏室温度传感器	42	冷冻室(除霜)温度传感器
43	冷冻室(除霜)温度传感器	44	门开关
45	门开关	46	箱内照明灯
47	箱内照明灯	48	

图 2-1 电气接线图

表 2-2 阻值测量记录表

序 号	设 备	测量对象	阻值/Ω
1	空调器压缩机	起动绕组	
2		运行绕组	

（续）

序　号	设　备	测量对象	阻值/Ω
3	冰箱压缩机	起动绕组	
4		运行绕组	
5	室内风机	起动绕组	
6		起动端与低速档	
7		起动端与中速档	
8		起动端与高速档	
9	室外风机	起动绕组	
10		运行绕组	
评委签字			

表 2-3　空调系统故障排除记录表

系统	故障现象	故障点	是否排除	评委签字
空调器				

任务 3　冰箱、空调器系统吹污、打压检漏。（10 分）

任务操作	任务要求
1. 将氮气瓶与制冷系统做吹污连接 2. 将氮气调至规定压力并对系统进行吹污，直至断定系统干净 3. 吹污开始后，报请评委验证使用气体压力值，并监督吹污过程，将数值填入表 2-4，并由评委签字确认，<u>否则该项不得分</u> 4. 将氮气瓶与制冷系统做打压检漏连接 5. 将氮气调至规定压力，对系统进行打压检漏，保压 20min 后，报请评委验证压力值，将打压压力值填入表 2-4，并与评委同时签字确认 6. 拆除氮气接管	1. 吹污、打压检漏使用氮气压力符合工艺规范 2. 吹污、打压管路连接正确 3. 如需更换器件或需焊接，应向评委申请，经评委同意之后再做处理 4. 保压结束如果压力下降，必须重新检漏、打压，不能进行抽真空和充注制冷剂操作

表 2-4　吹污检漏操作记录表

项目		系统吹污			打压检漏			
系统	次数	吹污压力/MPa	判断吹污是否结束的依据	评委签字	检漏压力/MPa	保压时间/min	压力回升/MPa	评委签字
空调器	第一次					~		
	第二次					~		
冰箱	第一次					~		
	第二次					~		

任务 4　系统抽真空。(5 分)

任务操作	任务要求
1. 连接组表及真空泵 2. 通电运行真空泵,开始抽真空 3. 持续观察压力表,直至达到真空度要求 4. 真空泵断电停机,报请评委验证压力值,保压 15min 后,将真空度值填入表 2-5,并由评委签字确认 5. 拆除真空泵	1. 抽真空真空度须达 - 0.9bar 以下 2. 保压期间发现压力回升,须再次打压检漏以确认原因 3. 查出原因排除故障后继续进行抽真空操作

表 2-5　抽真空保压操作记录表

系统	次数	真空度/bar	抽真空用时/min	保压时间/min	压力回升/bar	评委签字
空调器	第一次			~		
	第二次			~		
	第三次			~		
冰箱	第一次			~		
	第二次			~		
	第三次			~		

任务 5　智能温控型冰箱故障排除、充注制冷剂及运行调试。(20 分)

任务操作	任务要求
1. 系统开始打压检漏之后,就可以向现场评委领取制冷剂压力罐并称重,经评委确认后记入表 2-6 2. 通电试运行,根据设备运行情况,判断故障并排除故障,确认全部故障排除后,将排除过程填入表 2-7 3. 正确选择制冷剂,连接制冷系统、组表、制冷剂压力罐 4. 充注制冷剂,确认充注适量后,稳定运行 15min,并不断观察各项参数和设备运行情况,直至判定制冷剂充注量适量,达到参数要求 5. 报请评委确认开始和结束时间,如实记录运行参数,并将各参数值填入表 2-8 6. 制冷剂压力罐称重,报请评委确认后,计算制冷剂使用量填入表 2-6,并与评委同时签字确认 7. 将制冷剂压力罐交还评委	1. 正确选择制冷剂 2. 通电试运行必须安全操作 3. 更换器件须向评委申请 4. 排故过程不能改变端子排上接线位置 5. 与端子排连接线缆须包锡处理,线缆对接须外套热缩管 6. 调试完成后须实现以下控制功能:冷藏室、冷冻室、变温室温度调节与控制功能,压缩机过热、过电流保护功能,门灯及两位三通阀控制功能 7. 尽量减少制冷剂的充注量,要求以最少的充注量达到参数要求 8. 尽量减少制冷剂排放量,严禁大量排放 9. 充注及运行调试过程中如有制冷剂泄漏,则须进行打压检漏抽真空操作 10. 冰箱设置状态:冷藏室温度 4℃、冷冻室温度 - 20℃、速冻功能 off(关)、智能功能 off(关)、假日功能 off(关) 11. 各项参数值、运行情况,须在评委监督下记录 12. 冰箱运行电流达 0.45 ~ 0.5A;吸气绝对压力达 0.5 ~ 0.6bar;排气绝对压力达 4.0 ~ 5.0bar

表 2-6　制冷剂领用记录表

R600a 压力罐重量/g			
充注前	调试结束	实际用量	评委签字

表 2-7　冰箱系统故障排除记录表

序号	故障现象	故障点	是否排除	器件更换时间	评委签字
1					
2					

表 2-8　冰箱运行调试记录表

充注过程	运行电流/A	吸气绝对压力/bar	排气绝对压力/bar	冷凝器出液温度/℃	蒸发器回气温度/℃	时间			评委签字
						运行开始	运行结束	调试用时	
第一次									
第二次									
第三次									

任务 6　空调器制冷剂充注与系统调试。(10 分)

任务操作	任务要求
1. 系统开始打压检漏之后,就可以向现场评委领取制冷剂钢瓶并称重,经评委确认后填写表 2-9 2. 连接制冷系统、组表、制冷剂钢瓶 3. 充注制冷剂 4. 确认充注适量后,拆除加液管,将空调器进行制热运行 15min,须报请评委确认开始和结束时间,如实记录运行参数,并将各参数值填入表 2-10 5. 制冷剂钢瓶称重,报请评委确认后,计算制冷剂使用量填入表 2-9,由评委签字确认 6. 完成调试,向评委报告结束时间,由评委签字确认	1. 制冷剂选择正确 2. 尽量减少制冷剂的充注量,要求以最少的充注量达到参数要求 3. 尽量减少制冷剂排放量,严禁大量排放 4. 充注及运行调试过程中如有制冷剂泄漏,则须重新进行打压检漏抽真空操作 5. 各项参数值、运行情况,须在评委监督下记录 6. 空调器运行电流达 2.2～2.6A,吸气绝对压力达 4.0～5.0bar,排气绝对压力达 12～15bar 7. 在运行 20min 时间内,不允许充注或排放制冷剂,否则重新开始计时

表 2-9　制冷剂领用记录表

R22 钢瓶重量/g			
充注前	调试结束	实际用量	评委签字

表 2-10　空调系统运行记录表

充注过程	运行电流/A	吸气绝对压力/bar	排气绝对压力/bar	冷凝器出液温度/℃	蒸发器回气温度/℃	时间			评委签字
						运行开始	运行结束	调试用时	
第一次									
第二次									
第三次									

四、职业素养与安全意识(10 分)

评分要求:

1. 完成竞赛任务所有操作符合安全操作规范。

2. 操作台、工作台表面整洁，工具摆放、导线头等处理符合职业岗位要求。

3. 着装须符合安全规范。

4. 遵守赛场纪律，尊重赛场工作人员以及其他竞赛选手。

5. 工具及材料摆放应放在个人操作区域内，不得随意摆放，影响他人操作。

6. 爱惜赛场设备、器材。

五、违规扣分

选手有下列情形，需从竞赛成绩中扣分：

1. 在完成竞赛过程中，因操作不当导致事故，视情节扣10~20分，情况严重者取消比赛资格。

2. 因违规操作损坏赛场提供的设备，污染赛场环境等不符合职业规范的行为，视情节扣5~10分。

3. 扰乱赛场秩序，干扰评委工作，视情节扣5~10分，情节严重者取消竞赛资格。

赛题二　评 分 细 则

任务	项目	配分	评 分 细 则	扣分
1	制冷系统管路设计	20	系统原理图不正确，扣 3 分 两个阀门没有并排近放，扣 2 分 高低压设备没有分区布放，扣 15 分 管路布置拥挤、不美观，酌情扣 2～6 分 铜管用量超过本组最少用量，每多 50mm，扣 1 分 高低压设备基本分区布放，铜管或阀门超过内、外机一根，扣 2 分 该项最多扣 20 分	
	制冷系统管路制作与安装	10	管路接触，每处扣 2 分 管路不平直，每根扣 1 分 设备安装不稳固，每个扣 2 分 弯头不足或超过 90°，每个扣 1 分 弯头过多，管路过长，酌情扣 2～6 分 系统未能安装完毕，缺少一根接管，扣 1 分 视液镜、单向阀漏接、反接，每个扣 1 分 焊接处不圆滑、铜管压扁或扭曲变形，每处扣 1 分 该项最多扣 10 分	
2	电气控制系统接线	8	线缆用量超过配给量，扣 3 分 线槽内布线散乱，酌情扣 2～4 分 线槽外线缆未套管，每根扣 1 分 操作不当损坏器件，每个扣 2 分 强、弱电线缆未按要求布放，扣 2 分 端子排接线没有按图连接，每个扣 1 分 未能完成布线，每漏接一个器件，扣 2 分 线缆接头未焊接或未套热塑管，每处扣 1 分 缺少线号管、未包锡处理或连接不安全不可靠，每处扣 1 分 该项最多扣 8 分	
	电气控制系统调试	7	绕组电阻测量值没有全对，扣 2 分 控制功能及要求没有全部实现，每缺一项扣 2 分 故障原因分析、排故思路与方法错误，扣 5 分 调试过程损坏元器件或因事先不能正确判断元器件，每个扣 2 分 该项最多扣 7 分	
3	系统吹污	4	没有分段吹污，扣 1 分 使用制冷剂吹污，扣 4 分 毛细管没有单独吹污，扣 1 分 没有断开毛细管吹污，扣 2 分 未进行吹污操作，每个系统，扣 2 分 不能正确判断吹污是否达到要求，扣 1 分 冰箱吹污压力未控制在 0.5～0.6MPa 范围内，扣 2 分 空调器吹污压力未控制在 0.8～1.0MPa 范围内，扣 2 分 该项最多扣 4 分	

（续）

任务	项目	配分	评 分 细 则	扣分
3	打压检漏	6	保压时间不足，扣 2 分 如有漏检，每漏检一处扣 1 分 未进行打压检漏，每个系统扣 3 分 冰箱打压压力未控制在 0.78～0.98MPa 范围内，扣 3 分 空调器打压压力未控制在 1.1～1.25MPa 范围内，扣 3 分 该项最多扣 6 分	
4	系统抽真空	5	保压时间不足，扣 2 分 管路每错接一处，扣 1 分 真空度不达要求，扣 3 分 未进行抽真空操作，每个系统，扣 3 分 不能分析真空度不达要求原因及未确认故障点，扣 5 分 该项最多扣 5 分	
5	冰箱排故	12	漏排故障，每个扣 3 分 接线露铜，每根扣 1 分 一个故障都没排除，扣 12 分 器件选择错误，每个扣 3 分 排故后端子排接线位置更换，每个扣 2 分 该项最多扣 12 分	
	冰箱充注制冷剂与调试	8	未进行检漏，扣 2 分 管路错接一处，扣 4 分 制冷剂选择错误，扣 8 分 参数值达不到要求，每个扣 2 分 充注过程中，每检出一处泄漏，扣 2 分 充注结束后拆管造成大量泄漏，扣 6 分 满足参数要求制冷剂充注量不在定量范围，每差 2g，扣 1 分 该项最多扣 8 分	
6	空调器充注制冷剂与调试	10	未进行检漏，扣 2 分 管路错接一处，扣 4 分 制冷剂选择错误，扣 8 分 参数值达不到要求，每个扣 2 分 充注过程中，每检出一处泄漏，扣 2 分 充注结束后拆管造成大量泄漏，扣 6 分 满足参数要求制冷剂充注量超过本组最少用量，每超过 10g 扣 1 分 该项最多扣 10 分	

基本操作技能、安全规范操作评分表

项目	评分点	配分	评 分 标 准	扣分
	职业素养与安全意识	10	烧熔断器熔丝，扣 5 分 断路器跳闸，扣 5 分 着装不符合规范，扣 3 分 焊接违规操作，每次扣 2 分 违反竞赛规则，每次扣 5 分 操作不当损坏工具，每把扣 5 分 工作台表面遗留器件，每个扣 1 分 操作结束工具未能整齐摆放，扣 3 分 工作台表面遗留工具，每把（套）扣 1 分 工作台表面遗留线缆、管材，每根扣 1 分 有不尊重考场工作人员行为，每次扣 5 分 该项最多扣 10 分	
评委			日期 ｜ ｜ 扣分合计	

违规操作扣分项

<table>
<tr><th colspan="2">扣分点</th><th colspan="3">扣 分 标 准</th><th>扣分</th></tr>
<tr><td colspan="2" rowspan="4">事故或严重违纪</td><td colspan="3">在完成竞赛过程中,因操作不当导致事故,视情节扣 10 ~ 20 分,情况严重者取消比赛资格</td><td></td></tr>
<tr><td colspan="3">因违规操作损坏赛场提供的设备,污染赛场环境等不符合职业规范的行为,视情节扣 5 ~ 10 分</td><td></td></tr>
<tr><td colspan="3">扰乱赛场秩序,干扰评委工作,视情节扣 5 ~ 10 分,情节严重者取消竞赛资格</td><td></td></tr>
<tr><td colspan="3">竞赛过程中,指导老师违规指导学生,视情节扣 5 ~ 10 分,情节严重者取消竞赛资格</td><td></td></tr>
<tr><td>评委</td><td></td><td>日期</td><td></td><td>扣分合计</td><td></td></tr>
</table>

赛题三　操作技能任务书

一、说明

1. 本任务书的编制是以可行性、技术性和通用性为原则。

2. 本任务书依据全国职业院校技能大赛（中职组）“制冷与空调设备组装与调试”的具体工作要求与原劳动部、国家贸易部联合颁布的“中华人民共和国制冷设备维修工职业技能鉴定规范考核大纲”（中级工）设计编制的。

3. 任务完成总分为 100 分，任务完成总时间为 4h。

4. 记录表中所有数据要求用黑色圆珠笔或签字笔如实填写。表格应保持整洁，并在规定的地方作答，表中所有数据记录必须报请评委确认，数据涂改必须经首席评委确认，否则该项不得分。

二、任务

任务 1　电冰箱与分体空调系统的组装。(40 分)

在“THRHZK—1 型现代制冷与空调系统技能实训装置”（以下简称“装置”）平台上，按照任务说明的要求完成智能温控冰箱系统和热泵型分体式空调系统的组装。

任务说明：

1. 冰箱系统的制冷管路已经安装完成，不需要重新安装。选手在系统中充注氮气至 0. 80MPa 后进行试压检漏，自检合格后保压 20min，如实填写表 3-1 并报请评委检查确认。

2. 热泵型分体式空调系统组件的安装，根据图 3-1 所示空调系统组件安装示意图，参照实际分体式空调器的结构组成，将室内机组与室外机组清晰地区分开来，空调阀的安装要求便于调试与维修操作，操作平台上的压力表要求左右对称。

3. 选手利用赛场提供的铜管及制冷配件，设计并制作系统管路，完成热泵型分体空调器制冷、制热循环系统以及压缩机吸、排气检测压力表的连接。管路设计要求美观合理、节约环保，管路安装横平竖直、层次分明、不能相交或碰触组件。管路制作完成后，选手应报请评委抽检喇叭口的制作工艺，然后才能安装系统管路。

4. 室内机组与室外机组连接管路要作保温处理，其他管路不需要作保温处理。空调系统压缩机回气管要求制作下行弯，如图 3-2 所示，防止出现液击现象。

5. 从系统中拆卸下来的管路、空调阀不能重复使用，摆放在“装置”的左下方；组装完成后剩余的铜管也摆放在“装置”的左下方。

6. 将氮气调至规定压力分别对空调系统的高压、低压及节流装置三部分进行分段吹污，直至制冷系统干净。然后将氮气调至规定压力，对空调系统进行试压检漏。自检合格后保压 30min，如实填写表 3-1 并报请评委检查确认。

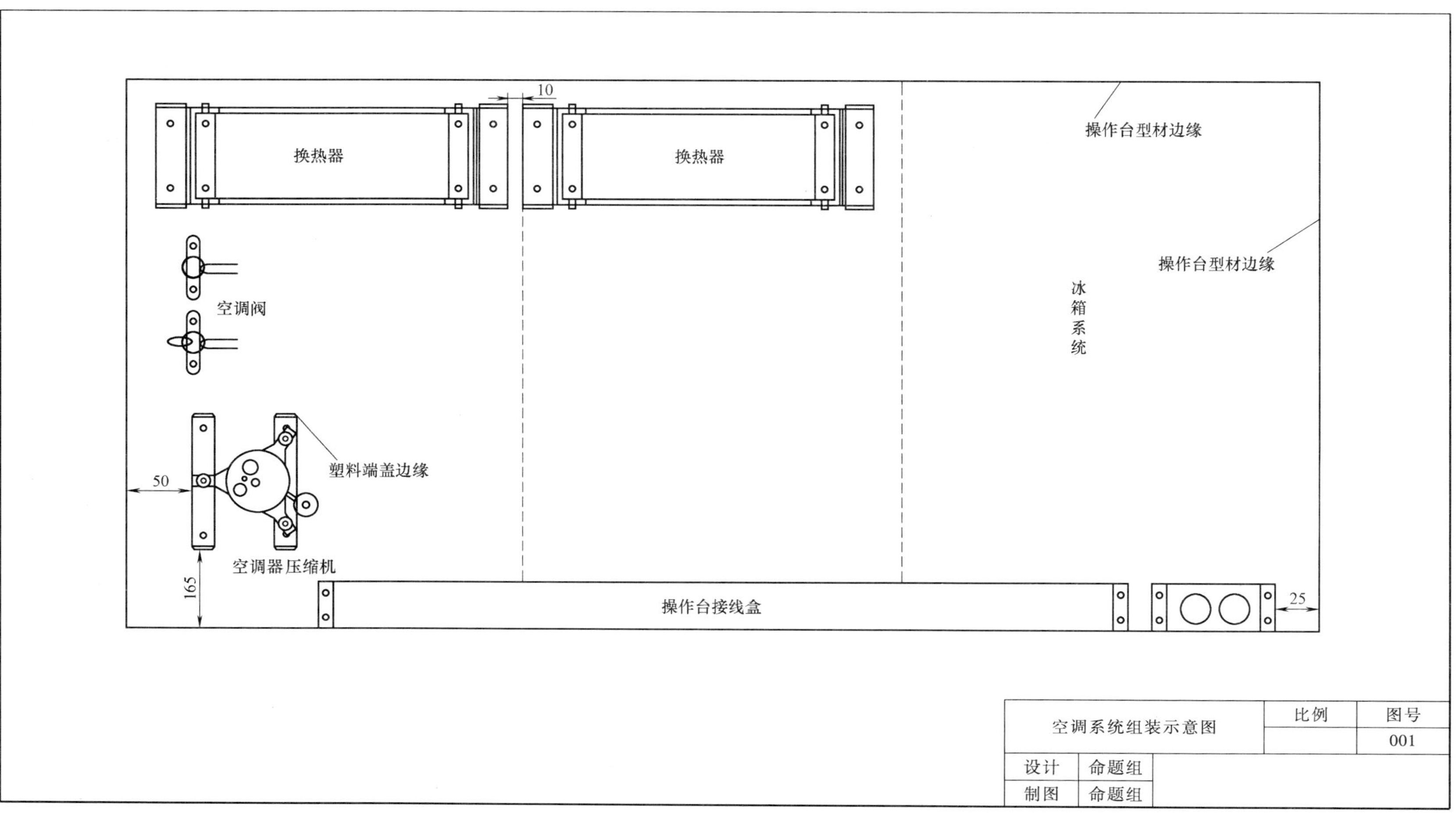

图 3-1 空调系统组件安装示意图

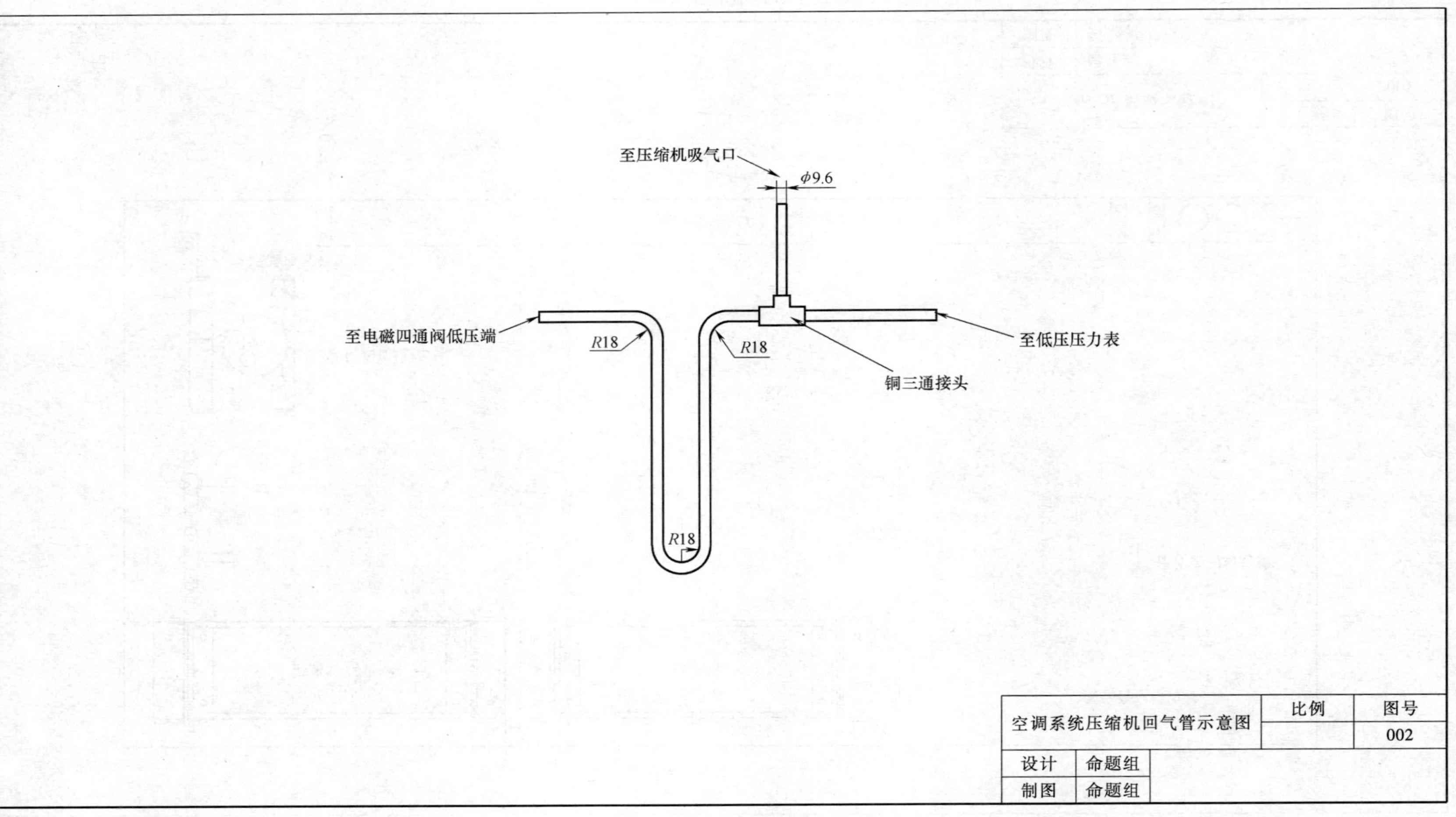

图 3-2　空调系统压缩机回气管示意图

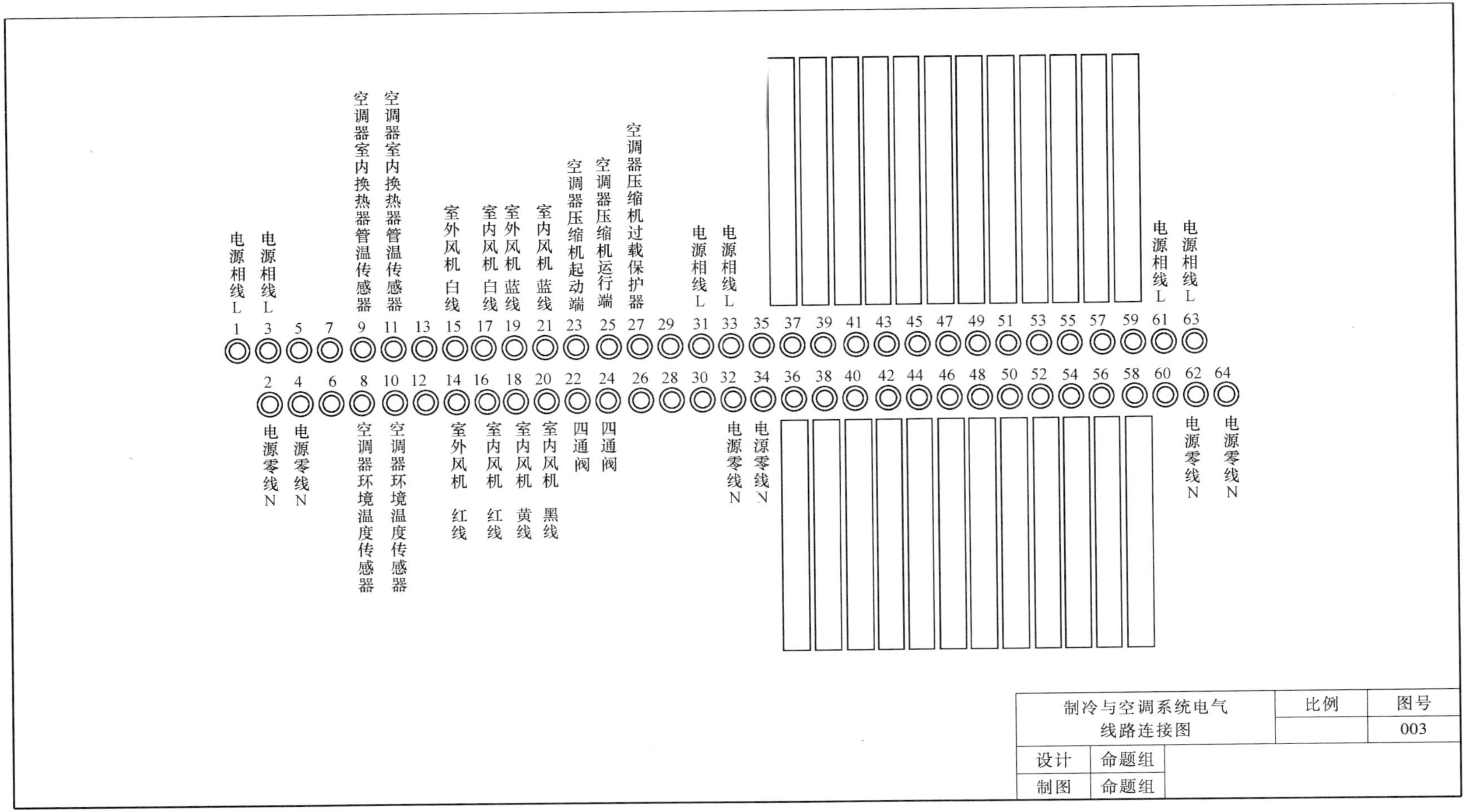

1 电源相线L
3 电源相线L
5
7
9 空调器室内换热器管温传感器
11 空调器室内换热器管温传感器
13
15 室外风机 白线
17 室内风机 白线
19 室外风机 蓝线
21 室内风机 蓝线
23 空调器压缩机起动端
25 空调器压缩机运行端
27 空调器压缩机过载保护器
29
31 电源相线L
33 电源相线L
35 37 39 41 43 45 47 49 51 53 55 57 59
61 电源相线L
63 电源相线L

2 电源零线N
4 电源零线N
6
8 空调器环境温度传感器
10 空调器环境温度传感器
12
14 室外风机 红线
16 室内风机 红线
18 室内风机 黄线
20 室内风机 黑线
22 四通阀
24 四通阀
26 28 30
32 电源零线N
34 电源零线N
36 38 40 42 44 46 48 50 52 54 56 58 60
62 电源零线N
64 电源零线N

制冷与空调系统电气线路连接图		比例	图号
			003
设计	命题组		
制图	命题组		

图 3-3 制冷与空调系统电气线路连接图

7. 如需更换组件、器件或制冷配件，如实填写表 3-7，报请评委予以更换。

任务 2　冰箱与分体式空调器电气控制系统的连接与调试。(30 分)

根据图 3-3 制冷与空调系统电气线路连接图的要求，完成冰箱与分体式空调器电控系统的线路连接、调试及故障维修。

任务说明：

1. 根据实际需要选用合适的导线进行线路连接。

2. 选用性能良好的检测元件、控制器件和保护器件，实现各种控制功能。冰箱系统要求实现冷藏室、冷冻室温度调节与控制功能，压缩机过热、过电流保护功能，门灯控制功能等。空调系统要求实现制冷和制热功能，温度调节与控制功能，压缩机过热、过电流保护功能，室内风机高、中、低三档调速功能，环境温度及室内外换热器管温故障显示功能等。

3. 冰箱电气控制线路已经连接完成，不需要重新安装。根据已经连接好的冰箱电气控制线路，补充完成图 3-3 中冰箱部分的描述，将描述文字填写在空格内。

4. 空调系统电气控制线路需要选手根据图 3-3 重新安装。所有的导线布放在左侧的线槽内，强电线缆沿线槽的内侧布放，弱电线缆沿线槽的外侧布放，酌情固定。导线连接采用焊接连接方式，要求连接牢固并绝缘良好。导线两端均应套上线码管，导线两端的线码管要求一致，接线盒上端子排的线码管标注整齐划一。露出线槽以外的器件引线必须做好保护措施。

5. 启动系统，根据系统实际运行情况，分析并排除故障。将故障现象、故障分析与结果填入表 3-5 和表 3-6 中。

6. 线路连接完成后，剩余的线材摆放在“装置”的左下方。

任务 3　冰箱与分体式空调器的调试运行。(20 分)

按照“中华人民共和国制冷设备维修工职业技能鉴定规范考核大纲”的要求，分别对智能冰箱和热泵型分体式空调器进行调试运行，并测量系统运行的相关参数，然后进行性能评价。

任务说明：

1. 抽真空充注制冷剂。冰箱系统抽真空的时间不少于 30min，空调系统抽真空的时间不少于 20min。抽真空结束 3min 后，如实填写表 3-2 并报请评委确认。

2. 领取称重后的制冷剂钢瓶，完成充注制冷剂操作。通电试运行，不断观察各项参数及设备运行情况，判断制冷剂充注量是否达到要求，及时调整制冷剂的充注量。

3. 冰箱系统运行 20min 后，测量系统运行电流、吸排气压力值等参数，如实填写表 3-3 并报请评委确认。冰箱设置状态为冷藏室温度 2℃、冷冻室温度 −24℃、变温室温度 −3℃、速冻功能 off（关）、智能功能 on（开）。

4. 空调系统在制冷模式（现场温度低于 18℃ 时，则选择制热模式）下高风档运行 15min 后，测量运行电流、吸排气压力值等参数，如实填写表 3-4，报请评委确认。

任务 4　职业素养评价。(10 分)

任务说明：

1. 遵守赛场纪律，尊重赛场评委及工作人员。

2. 环保节约，工位整洁，工具摆放整齐，材料、废料等处理符合职业岗位要求。
3. 操作规范，爱护赛场设备及工具。
4. 安全操作，符合安全操作规程。

表 3-1 吹污保压操作记录表

项目	次数	初始压力值	结束压力值	起止时间	评委确认
冰箱系统试压	一			—	
	二			—	
	三			—	
空调系统吹污	一	—		—	
	二	—		—	
	三	—		—	
空调系统试压	一	0.95MPa		—	
	二	0.95MPa		—	
	三	0.95MPa		—	

表 3-2 抽真空操作记录表

项目	次数	初始压力值	结束压力值	起止时间	评委确认
冰箱抽真空	一			—	
	二			—	
	三				
空调器抽真空	一			—	
	二			—	
	三				

表 3-3 冰箱系统运行调试记录表

冰箱系统	运行起止时间	高压压力/bar	低压压力/bar	冷冻室管壁温度/℃	整机电流/mA	评委确认

表 3-4 空调系统运行调试记录表

空调系统	运行起止时间	高压压力/MPa	低压压力/MPa	室内换热器管温传感器电压/V	压缩机电流/A	评委确认

表 3-5 冰箱系统故障排除记录表

系统	故障	故障现象	故障分析与结果	评委确认
冰箱系统	一			
	二			

表 3-6　空调系统故障排除记录表

系统	故障	故障现象	故障分析与结果	评委确认
空调系统	一			
	二			

表 3-7　器件更换领用记录表

序号	更换组件、器件的名称	更换原因	评委确认
1			
2			
3			
4			
5			

赛题三　评分细则

工位		交卷时间		成绩
任务	评分要素	评分标准	扣分	得分
系统组装（40分）	空调系统设计与安装（18分）	空调器组件安装尺寸准确、布局合理、操作规范得18分 空调器组件不按图定位摆放，四通阀、视液镜、节流装置不在左侧，每个组件扣2分，最多扣10分 空调器组件定位尺寸误差超出±2mm范围，每处扣0.5分；超出±5mm范围，每处扣1分，最多扣4分 压缩机摆放不准确（以贮液罐为基准）扣2分 组件固定不牢固、欠缺弹垫平垫、水槽底板与底座铝材配合完全，塑料端盖未安装等每处扣0.5分，最多扣2分 系统组件没有重新布局安装的，本项不得分		
	系统的气密性（10分）	系统连接紧密，吹污、检漏操作规范，数据记录正确得10分 保压压力值与任务书要求不一致，每处扣1分，最多扣2分 重新保压、保压时间不足的，每次扣2分 保压时使用双表修理阀的低压表侧三通阀、冰箱系统接入平台上低压压力表等不符合操作规范的，每处扣1分，最多扣2分 检漏没有及时清理扣1分，没有检漏操作扣2分 没有将毛细管、压缩机隔离后分高低压段吹污扣2分 系统有泄漏未能排除，用制冷剂吹污、排空，本项不得分		
	管路制作工艺（12分）	管路制作安装规范、布局符合技术要求、保温处理得当得12分 管路与平台不垂直、不平行、不成特定的45°角，每根扣1分 抽检喇叭口有褶皱、锐边、内壁划痕等现象，每处扣1分 管路弯曲部位出现扭曲、压扁等情况，每处扣1分 没有套保温管每段扣1分，多套保温管每段扣1分 压缩机回气管没有按要求制作“下行弯”的扣5分，“下行弯”最低处高于贮液罐中部扣3分 本项最多扣12分，造成组件损坏的，本项不得分		
线路安装及检修（30分）	空调电气控制线路（12分）	完成空调电气控制线路连接并调试成功，得12分 线路连接完成得4分 线路连接完成，故障排除且描述准确，每处得4分 线路连接完成，故障排除但描述不准确，每处得2分 线路没有连接完成的，扩大故障范围的，本项均不得分		
	冰箱电气线路（10分）	完成冰箱电气线路连接检测、描述正确并调试成功得10分 线路描述正确得2分 每处故障，故障现象描述正确得1分，故障分析与结果描述准确得2分，故障排除得1分 扩大故障范围的，本项均不得分		
	连接工艺（8分）	线路连接牢固，绝缘良好，线路安装规范得8分 没套线码管、数字方向不一致等，每处扣0.2分，最多扣2分 组件外露引线没有套热塑管，每处扣1分，最多扣2分 导线焊接不牢固，恢复绝缘不良，每处扣0.5分，最多扣2分 强弱电导线没有按要求分离布线，扣2分 电源端子的安全插线没有区分颜色每处扣0.5分，最多扣2分 接线端子的导线没有镀锡、露铜等每处扣0.5分，最多扣2分 没有恢复端子排绝缘端子盖的，每处扣0.5分，最多扣2分 本项最多扣8分，造成组件损坏或短路故障的，本项不得分		

（续）

工位		交卷时间		成绩		
任务	评分要素	评分标准			扣分	得分
系统调试（20分）	冰箱调试（10分）	抽真空充注制冷剂操作规范、制冷效果良好得10分 抽真空时间不足，扣2分 真空值高于－65cmHg的，扣2分 制冷剂充注量超出36～43g范围，扣2分 调试参数不在规定范围内，每处扣1分（低压压力为－0.6～－0.2bar，高压压力为3.5～6.5bar，管壁温度低于－10℃，整机电流为450～500mA）				
	空调器调试（10分）	抽真空充注制冷剂操作规范、制冷效果良好得10分 抽真空时间不足，扣1分 真空值高于－65cmHg的，扣1分 制冷剂充注量超出36～43g范围，扣2分 调试参数不在规定范围内，每处扣2分（低压压力为0.4～0.55MPa，高压压力为1.3～1.8MPa，管温传感器端电压高于3.6V，压缩机电流为2.2～2.5A）				
职业素养（10分）	安全文明操作（10分）	安全文明操作，符合制冷作业规范得10分 没有穿劳动部门认定的电工绝缘鞋扣2分 将工具摆放在“装置”平台上和控制挂箱面板上的，扣2分 在“装置”平台上拖动组件及底槽铝材的，扣2分 将材料、工具等放到他人场地的，扣2分 完成任务未能清理场地、整理工具的，扣2分 出现电气事故、制冷剂泄漏、损坏组件及工具的，本项不得分				
现场情况记录	违规扣分	1. 因操作不当导致大量制冷剂泄漏扣10分 2. 因操作不当导致触电或烫伤扣20分 3. 不应带电测量而带电测量未造成触电扣10分 4. 因违规操作，损坏赛场设备及工具扣20分 5. 扰乱赛场秩序，干扰评委的正常工作扣20分 6. 在参赛过程中作弊，经首席评委同意，取消参赛资格				
评委签名						

赛题四 操作技能任务书

一、说明

1. 本任务书的编制是可以行性、技术性和通用性为原则；

2. 本任务书依据全国职业院校技能大赛（中职组）“制冷与空调设备组装与调试”的具体工作要求和原劳动部、国家贸易部联合颁布的“中华人民共和国制冷设备维修工职业技能鉴定规范考核大纲”（中级工）设计编制的；

3. 任务完成总时间为4h；

4. 任务完成总分为100分；

5. 读取系统压力值时，除真空度读取双表修理阀数值外，其余压力值以装置上的压力表读数为准。

二、竞赛要求

1. 正确使用专用工具，操作安全规范；

2. 部件安装、电路及管路连接正确、可靠，符合要求；

3. 爱惜赛场的设备和器材，尽量减少耗材的浪费；

4. 保持工作台及附近区域干净整洁；

5. 操作过程需要记录的数据根据要求须评委确认签字，无记录、无评委签字，该操作不得分；

6. 操作过程中填写的数据不允许涂改，否则数据无效；

7. 竞赛过程中如有异议，可向现场评委反映，不得扰乱赛场秩序；

8. 遵守赛场纪律，尊重赛场工作人员，服从指挥。

三、任务及要求

任务1：空调制冷系统设计与安装（25分）。

参赛队配发统一长度线缆及配件，以THRHZK—1型现代制冷与空调系统技能实训装置为操作平台，完成以下操作：

（1）根据图4-1中设备位置要求，将该设备安装就位；

（2）自行设计热泵型空调器其他设备在实训平台上的位置，并将其安装就位；

（3）根据自己已安装就位的各个设备的位置，合理设计管路走向，测量管路所需尺寸；

（4）根据测量尺寸，截取铜管进行加工制作，正确选择配件，完成热泵型空调器制冷系统以及压缩机吸、排气压力表的安装和连接；

（5）管路安装过程中，参考实际空调器的结构，对需要保温的管路加装保温套管。

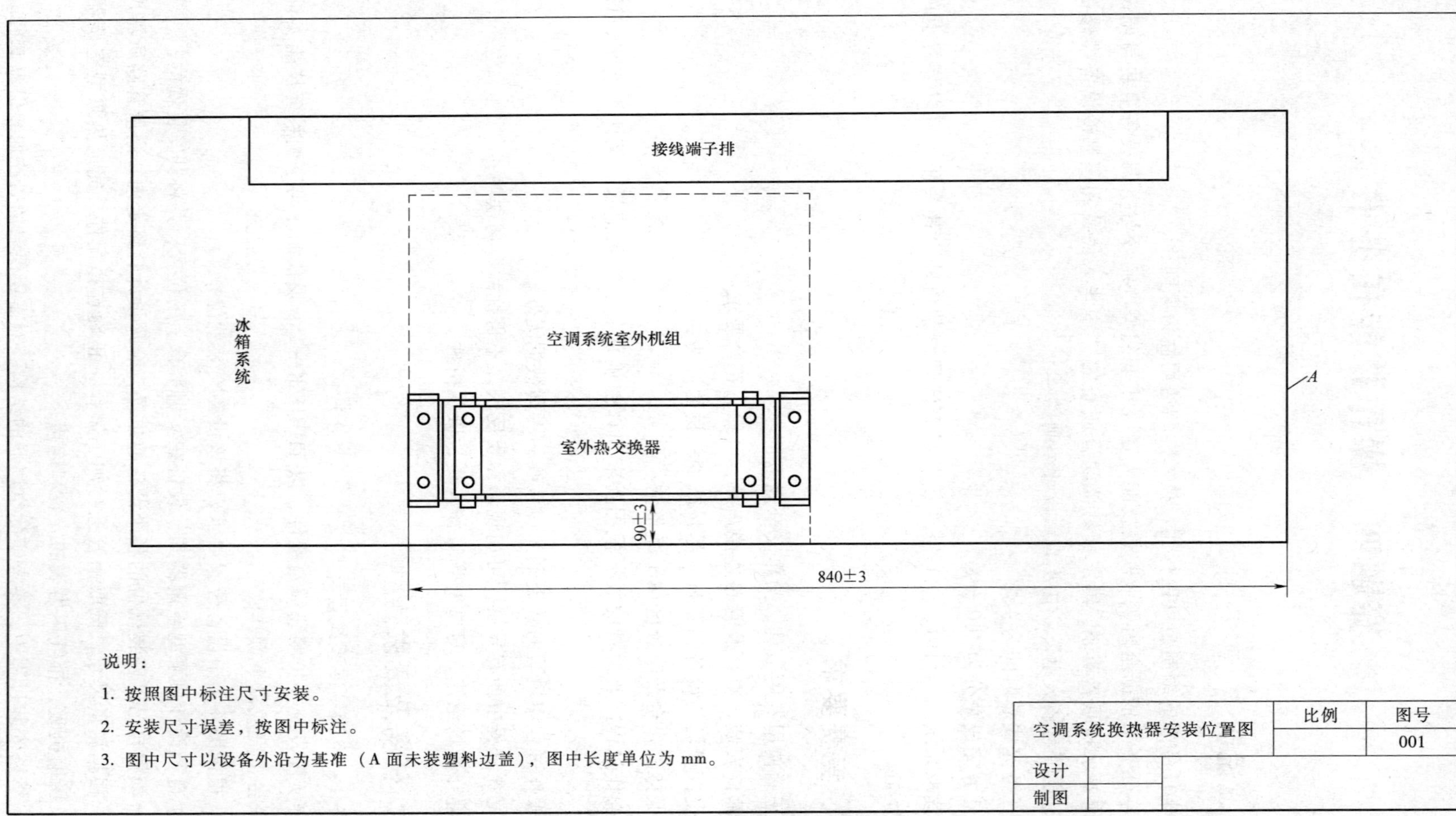

说明：

1. 按照图中标注尺寸安装。
2. 安装尺寸误差，按图中标注。
3. 图中尺寸以设备外沿为基准（A 面未装塑料边盖），图中长度单位为 mm。

图 4-1　空调系统换热器安装位置图

任务要求：

(1) 设备安装位置尺寸误差为 ±3mm，部件安装紧凑、合理，室外机组所有零部件均要求布置在图示虚线框内；

(2) 设计安排空调器所缺设备位置时，管路布置应以实际分体式空调器安装结构为原则，高压设备之间、低压设备之间、三通阀和二通阀相对集中；压缩机回气管路与排气管路的制作安装应沿着压缩机外周布置，并要求在管路制作时设置 2 个 U 形弯，以符合实际空调器减振、降噪的工艺要求；

(3) 尽量减少铜管用量及弯头数，管路布局合理、不能相互影响，管路走向平直、美观；

(4) 管路连接美观、正确、可靠。

任务 2：空调器电气控制系统连接（15 分）。

根据热泵型空调器电气控制原理，进行空调电气控制系统安装接线和调试，以实现如下功能：制冷、制热功能，温度调节与控制功能，压缩机过热、过电流保护功能，室内风机高、中、低三档调速功能。

选手完成以下操作：

(1) 设计线缆走向，选择线缆；

(2) 测量、选择、安装电气元件；

(3) 测量所需线缆长度，将电气元件及设备接至端子排上并标注线号；

(4) 将线缆布放于线槽内，酌情固定；

(5) 启动系统试运行；

(6) 将所用端子的端子号及所接电气元器件填入表 4-1；

表 4-1　热泵型空调器电气接线端子排分配表

端子号	器件	接线线径	颜色	端子号	器件	接线线径	颜色
1				16			
2				17			
3				18			
4				19			
5				20			
6				21			
7				22			
8				23			
9				24			
10				25			
11				26			
12				27			
13				28			
14				29			
15				30			

（7）如系统不能起动或有其他故障，自行排查处理，并将排查过程填入表4-2，如无故障，则填“无故障”。

表4-2　空调器电气控制系统调试过程

系统	故障现象	故障点	是否排除	评委签字
空调器				

任务要求：

（1）通电试运行必须安全操作；

（2）尽量减少线缆等材料的损耗；

（3）电源相线、零线选用1.5mm² 线缆，控制信号线选用0.5mm² 线缆，设备电源线选用0.75mm² 线缆；

（4）与端子排连接线缆须包锡处理，线缆对接须外套热缩管；

（5）端子排上，1～30号接线端子用于空调器电气控制系统接线；

（6）线槽内、外布线整齐、美观；

（7）主电路、控制电路线缆分开，分别沿线槽左右两边布放；

（8）调试完成后须实现各项控制功能。

任务3：空调系统吹污及保压检漏（10分）。

按照工艺要求，对选手自行设计安装的热泵型空调制冷系统，分别进行吹污、保压检漏操作：

（1）将氮气瓶与制冷系统做吹污连接；

（2）将氮气调至规定压力0.8～1.0MPa对系统进行吹污，直至断定系统干净；

（3）吹污开始后，报请现场评委验证使用气体压力值，并监督吹污过程，将数值填入表4-3，并由现场评委签字确认，否则该项不得分；

（4）将氮气瓶与制冷系统做打压检漏连接；

（5）将氮气调至规定压力1.1～1.25MPa，对系统进行打压检漏，保压20min后，报请现场评委验证压力值，将打压压力值填入表4-3，并与现场评委同时签字确认；

（6）拆除氮气瓶。

表4-3　空调系统吹污、打压检漏过程

吹污			
空调系统吹污压力/MPa		现场评委签字	

打压检漏							
系统	次数	保压开始			保压结束		
		时间	压力值/MPa	评委确认	时间	压力值/MPa	评委签字
空调器	第一次						
	第二次						

任务要求：

(1) 吹污、打压检漏使用氮气压力值符合规范；

(2) 吹污、打压管路连接正确；

(3) 如需更换器件，可向现场评委申请，经同意之后再做处理。

任务4：空调系统抽真空（5分）。

热泵型空调制冷系统保压检漏之后，进行系统抽真空。完成以下操作：

(1) 连接压力表及真空泵；

(2) 通电运行真空泵，开始抽真空；

(3) 持续观察压力表，直至达到真空度要求；

(4) 真空泵断电停机，报请现场评委验证压力值，保压10min后，将压力值填入表4-4，并由现场评委签字确认。

表4-4　系统抽真空检漏

系统	次数	保压开始			保压结束		
		时间	压力值/mmHg	评委确认	时间	压力值/mmHg	评委签字
空调器	第一次						
	第二次						
	第三次						

任务要求：

(1) 抽真空压力值须达－650mmHg以下；

(2) 保压期间发现压力回升，须再次打压检漏以确认原因；

(3) 查出原因排除故障后继续抽真空。

任务5：空调系统充注制冷剂与调试（10分）。

热泵型空调制冷系统抽真空完成后，充注适量制冷剂，以实现制冷、制热功能。充注过程须完成以下操作：

(1) 连接制冷系统、压力表、制冷剂钢瓶（罐）；

(2) 充注制冷剂；

(3) 确认充注适量后，将空调器调至制热，运行10min，运行开始及结束须报请现场评委确认，如实记录运行参数，并将各参数值填入表4-5。

表4-5　空调系统制热运行调试

充注过程	运行电流/A	吸气压力/bar	排气压力/bar	时间		
				运行开始	运行结束	调试用时
第一次						
第二次						
现场评委签字						

任务要求：

(1) 制冷剂充注适量；

（2）尽量减少制冷剂的排放量；

（3）各项参数值、运行情况及结论，须在现场评委监督下记录；

（4）空调器运行电流 2.2 ~ 2.6A；吸气压力 3.4 ~ 4.2bar；排气压力 13 ~ 16bar。

任务 6：冰箱系统电气接线与调试（10 分）。

智能温控型冰箱制冷系统已完成组装、打压检漏、抽真空、充注制冷剂操作，请选手根据电气控制原理自行接线，然后通电试运行，要求实现冷藏室、冷冻室温度调节与控制功能，压缩机过热、过电流保护功能，门灯及两位三通阀控制功能。本过程须完成以下操作：

（1）根据智能温控型冰箱温控原理完成电气接线；

（2）通电试运行，根据设备运行情况，判断故障并排除故障，确认全部故障排除后，将排故过程填入表 4-6，如无故障请填写“无故障”；

（3）启动电冰箱系统，运行 10min，运行开始及结束须报请现场评委确认，如实记录运行参数，并将各参数值填入表 4-7。

表 4-6　故障判断与排除

序号	故障现象	故障点	是否排除	评委确认
1				
2				

表 4-7　冰箱系统运行调试

调试过程	门灯控制功能	运行电流 /A	吸气压力 /MPa	排气压力 /MPa	时间		
					运行开始	运行结束	调试用时
第一次							
第二次							
现场评委签字							

任务要求：

（1）通电试运行必须安全操作；

（2）冰箱设置状态：冷冻室温度 -24℃、变温室温度 0℃、速冻功能 off（关）、智能功能 off（关）、假日功能 on（开）；

（3）更换器件须经现场评委同意；

（4）冰箱运行电流达 0.4 ~ 0.5A；吸气压力 -0.05 ~ -0.03MPa；排气压力 0.40 ~ 0.65MPa。

任务 7：相关理论知识（15 分）。

详见附件 1 理论试卷部分（答案见附件 2）。

四、职业素养与安全意识（10 分）

评分要求：

（1）完成竞赛任务所有操作符合安全操作规范。

（2）操作台、工作台表面整洁，工具摆放、导线头等处理符合职业岗位要求。

（3）遵守赛场纪律，尊重赛场工作人员。

（4）爱惜赛场设备、器材。

五、违规扣分

有下列情形，选手应填写组装调试违纪情况记录表，从竞赛成绩中扣相应分。

1. 因未能做到节约环保，申领T形管扣10分/条，申领ϕ9.52mm铜管和ϕ6mm铜管扣5分/m，申领二通阀、三通阀每根扣5分。

2. 在完成工作任务过程中，因操作不当导致大量制冷剂泄漏扣10分。

3. 在完成工作任务过程中，因操作不当导致触电或烫伤中的一项扣10分。

4. 因违规操作，损坏赛场设备扣10分。

5. 扰乱赛场秩序，干扰评委的正常工作扣10分，情节严重者，经首席评委同意，取消参赛资格。

6. 在参赛过程中作弊，经首席评委同意，取消参赛资格。

附件1　赛题四理论试卷

一、判断题（正确的打“√”，错误的打“×”，并将答案填入下列答题表内，每小题0.2分，共4分）

题号	1	2	3	4	5	6	7	8	9	10
答案										
题号	11	12	13	14	15	16	17	18	19	20
答案										

1. （　　）在冷凝温度一定的情况下，当蒸发温度降低时，会使单位压缩耗功增大。

2. （　　）正弦交流电的三要素是电压、电流和电源。

3. （　　）气密性试验操作的关键就是检漏。

4. （　　）按照国家劳动部门的规定，压力表的使用期限为半年。

5. （　　）节流装置能起到截止阀的启、闭功能作用。

6. （　　）热力学第二定律指出热量的传递具有可逆性。

7. （　　）制冷剂在过热状态下的气体，被称为过热蒸气。

8. （　　）压缩机能量调节是指调节制冷压缩机的输入功率。

9. （　　）工业氮气可用于油管道内油膜的吹除，以及受压部件的密封检查。

10. （　　）在热力过程中，物质状态无变化，温度因吸热而升高，吸收的热量称为显热。

11. （　　）载冷剂又称冷媒，它是气缸套的冷却水。

12. （　　）制冷系统中积油过多，会使传热系数降低。

13. (　　) 乙醇在温度较高时对金属有腐蚀性。

14. (　　) 从制冷剂的压焓图中可以知道，毛细管入口处氟利昂制冷剂是过热蒸气状态。

15. (　　) 房间空调器停机后3min才能再开机目的是使高压侧温度降低。

16. (　　) 兆欧表是专门用来测量工作在高压状态下材料绝缘阻值的仪器。

17. (　　) 节流后进入蒸发器的制冷剂是过冷液体。

18. (　　) 热泵型空调器制热时，室内风机与压缩机起动关系是风机先起动，压缩机后起动。

19. (　　) 在制冷循环中，压缩机吸气过热是指制冷剂温度高于同压力下的蒸发温度。

20. (　　) 制冷系统与真空泵连接好后，应先开真空泵，后打开系统阀。

二、单选题（将答案填入答题表内，每小题0.3分，共6分）

题号	1	2	3	4	5	6	7	8	9	10
答案										
题号	11	12	13	14	15	16	17	18	19	20
答案										

1. 被测的最大压力为1MPa，弹簧式压力表的测量范围应是（　　）。

A. 0～1MPa　　B. 0～1.5MPa　　C. 0～2MPa　　D. 0～2.5MPa

2. 直流电的安全电压为48V、24V、（　　）、6V。

A. 11V　　B. 12V　　C. 13V　　D. 14V

3. 常用量具有（　　）、游标卡尺、千分尺、内径量表等。

A. 钢直尺　　B. 钢板尺　　C. 钢卷尺　　D. 角度尺

4. 空调器压缩机和室外风机采用的起动方式是（　　）。

A. 阻抗分相起动式　　B. 电容起动式　　C. 电容运转式　　D. 电容起动运转式

5. PTC起动器随着温度的升高，电阻值将（　　）。

A. 增大　　B. 减少　　C. 不变　　D. 近似为零

6. 分体式空调器压缩机的回气管弯制U形弯，这是因为（　　）。

A. 有利于管道布置美观　　B. 有利于减小振动，降低噪声

C. 有利于降低冷凝温度　　D. 有利于提高制冷系数

7. 制冷系统抽真空操作的目的是排除制冷系统里的水蒸气和不凝性气体，R600a制冷剂的冰箱系统，禁止采用的抽真空方法是（　　）。

A. 低压单侧抽真空　　B. 高低压双侧抽真空

C. 二次抽真空　　D. 反复抽真空

8. 空调器高压侧压力过高的原因是（　　）。

A. 蒸发器太脏　　B. 制冷剂不足

C. 冷凝器积尘过多　　D. 电源电压太低

9. 由于部分氟利昂中的氟氯烃排放，导致大气臭氧层的破坏，目前在冰箱使用的制冷剂中，一般使用（　　）替代 R12 制冷剂。

A. R600a、R134a　　B. R22、R11

C. R502、R13　　D. R717、R410a

10. 在旋转式压缩机的吸气口管上加装气液分离器可防止发生（　　）。

A. 气液混合　　B. 油气混合　　C. 停机串气　　D. 液击

11. 电子温控电路冷藏室温度传感器短路会出现的现象是（　　）。

A. 不制冷　　B. 不化霜　　C. 压缩机不停机　　D. 压缩机不起动

12. 电子温控电路冷冻室温度传感器断路会出现的现象是（　　）。

A. 不制冷　　B. 不化霜

C. 压缩机不停机　　D. 按了化霜键后，化霜将不停

13. 电子温控电路 VD1 断路会出现的现象是（　　）。

A. 不制冷　　B. 不化霜

C. 按了化霜键后，化霜与压缩机同时工作　　D. 压缩机不起动

14. 电子温控电路中，$R8$、$R9$ 的分压决定的是（　　）。

A. 开机温度　　B. 停机温度　　C. 化霜开始温度　　D. 化霜结束温度

15. 东芝 GR-204E 电子温控式电冰箱，因电子电路原因导致制冷压缩机不起动的简易检查方法是（　　）。

A. 把冷冻室内的温度传感器短路，根据电动机是否运转作出判断

B. 把冷藏室内的温度传感器断路，根据电动机是否运转作出判断

C. 把冷冻室内的温度传感器断路，根据电动机是否运转作出判断

D. 把冷藏室内的温度传感器短路，根据电动机是否运转作出判断

16. 分体式空调器内外机高低差过大时要制作 U 形弯，其目的是（　　）。

A. 控制流速　　B. 保证回油　　C. 油气分离　　D. 防止液击

17. 热泵型分体空调器室内机出现气流短路时，将造成（　　）。

A. 夏天制冷时低压压力变高　　B. 冬天制热时高压压力变低

C. 夏天制冷时低压压力变低　　D. 高压压力不变

18. 空调器高压侧压力过高的原因是（　　）。

A. 蒸发器太脏　　B. 制冷剂不足　　C. 冷凝器积尘过多　　D. 电源电压太低

19. 氟利昂制冷剂中产生对大气污染的主要成分是（　　）。

A. 氟　　B. 氯　　C. 氢　　D. 溴

20. 维修更换压缩机后，制冷管路插入压缩机导管的深度须在（　　）以上。

A. 5mm　　B. 10mm　　C. 14mm　　D. 20mm

三、分析题（共 5 分）

图 4-2 是电子温控电冰箱电气原理图，根据要求完成后面填空。

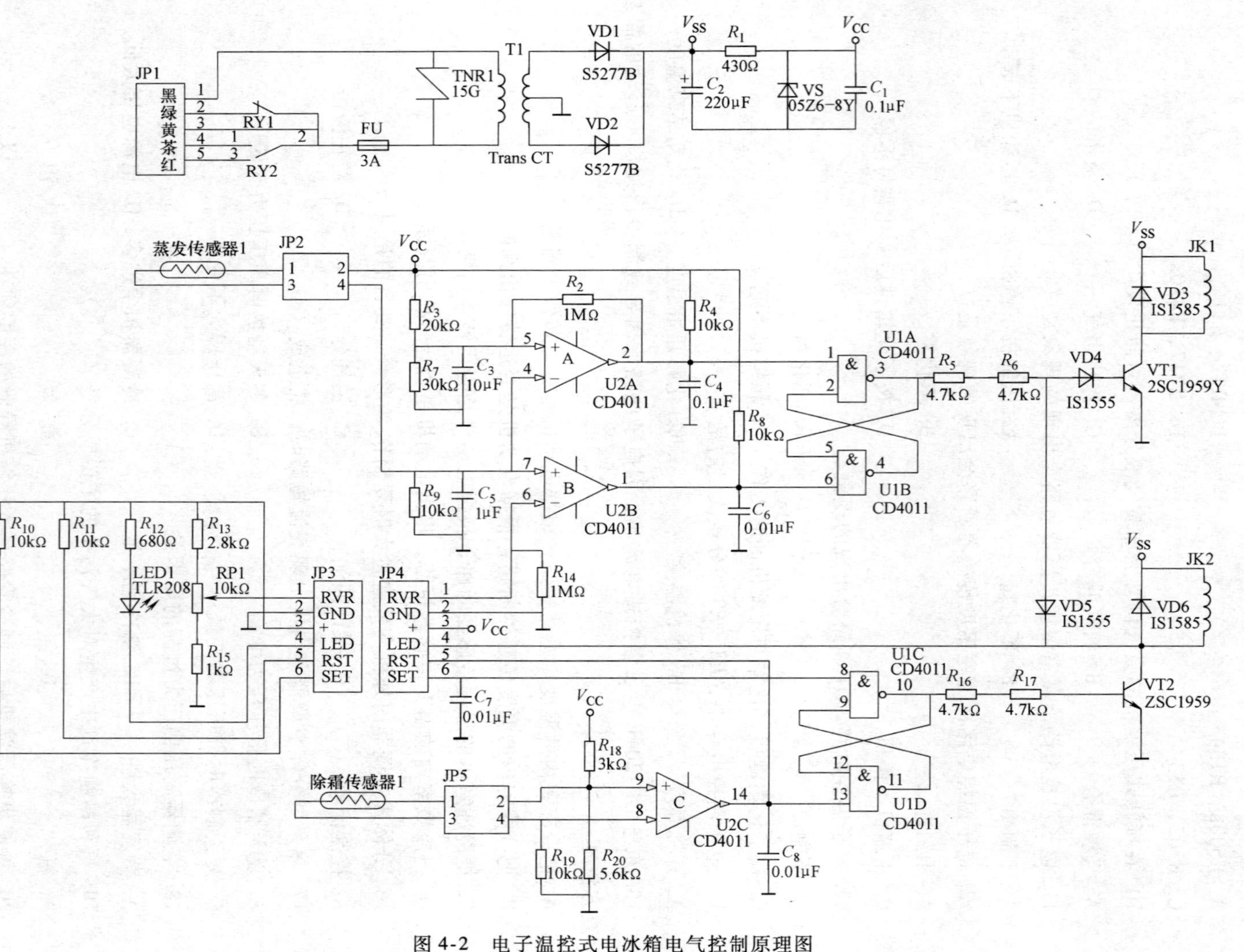

图 4-2 电子温控式电冰箱电气控制原理图

（1）当压缩机正常工作时，运放 U2A 的反相输入端的电压______同相输入端的电压。输出端为______电平。

（2）当压缩机正常停机时（非除霜状态），运放 U2B 的同相输入端电压______反相输入端的电压。此时，输出端为______电平。

（3）当冰箱温度足够冷可以进行除霜时，运放 U2C 同相输入端电压______反相输入端电压。此时，输出端为______电平。

（4）若运放 U2B 输出端开路，则故障现象为压缩机____________________。若电阻 R_{16} 开路，则故障现象为____________________。

（5）若冷藏室温度传感器开路损坏，则电冰箱故障现象为____________________。若冷藏室温度传感器短路损坏，则电冰箱故障现象为电冰箱____________________。

附件 2　赛题四理论试题答案

一、判断题（正确的打“√”，错误的打“×”，并将答案填入下列答题表内，每小题 0.2 分，共 4 分）

题号	1	2	3	4	5	6	7	8	9	10
答案	√	×	√	×	×	×	√	×	×	√
题号	11	12	13	14	15	16	17	18	19	20
答案	×	√	×	×	×	√	×	×	√	√

二、单选题（将答案填入答题表内，每小题 0.3 分，共 6 分）

题号	1	2	3	4	5	6	7	8	9	10
答案	B	B	A	B	A	B	C	C	A	D
题号	11	12	13	14	15	16	17	18	19	20
答案	C	D	C	A	D	B	C	C	B	D

三、分析题（共 5 分）

（1）当压缩机正常工作时，运放 U2A 的反相输入端（第 4 脚）的电压高于同相输入端（第 5 脚）的电压。输出端（第 2 脚）为 低 电平。

（2）当压缩机正常停机时（非除霜状态），运放 U2B 的同相输入端电压低于反相输入端的电压。此时，输出端（第 1 脚）为 低 电平。

（3）当冰箱温度足够冷可以进行除霜时，运放 U2C 同相输入端（第 9 脚）电压高于反相相输入端（第 8 脚）电压。此时，输出端（第 14 脚）为高电平。

（4）若运放 U2B 输出端（第一脚）发生开路故障，则故障现象为压缩机开机后无法停机。若电阻 R_{16} 发生开路故障，则故障现象为按下除霜按钮无法除霜。

（5）若冷藏室温度传感器开路损坏，则电冰箱故障现象为无法起动运行。

若冷藏室温度传感器短路损坏，则电冰箱故障现象为电冰箱开机后无法停机。

赛题四　评分细则

评分内容	项目	配分	评分标准	操作	得分
任务1:空调制冷系统设计与安装	系统管路安装	10	管路安装未完成或有系统部件不在线框内,本项得0分 弯制回气管无2个U形弯,扣2分 弯制排气管无2个U形弯,扣2分 四通阀未悬空安装,扣2分 回气管未围绕压缩机走管90°~120°,扣4分		
	安装工艺	15	未完成管路安装,本项得0分 系统有组件安装不牢固,扣2分 组件安装距离未便于操作,扣1分 室内机与室外机连接管路分离走管,扣2分 管路套保温管不合理,扣2分 管路不平直,管路交错、管路碰触组件等扣1分/处,最多扣4分 管路弯曲部位出现扭曲、疙瘩等情况扣1分/处,最多扣2分 抽检喇叭口有褶皱、锐边、内壁划痕等现象,扣2分		
任务2:空调电控系统连接	线路工艺	13	未完成线路连接,本项得0分 线路连接完成,表格未填写或填写不完整,扣1分 导线选用不合理,扣2分 主电路、控制电路导线未按要求分离布线,扣2分 未套线码管或号码管数字方向不一致,扣1分 外露引线未套热塑管或黄蜡管,扣1分 导线未焊接或焊接不牢固,扣2分 未正确区分电源端子的连接线颜色,扣1分 接线端子的导线未镀锡或露铜,扣1分 未恢复端子排绝缘端子盖,扣1分 走线零乱,扣1分		
	故障维修	2	无故填写故障,扣2分		
任务3:空调系统吹污及打压检漏	吹污	4	未完成管路安装或未进行吹污操作,本项得0分 用制冷剂吹污或排空,扣3分 吹污压力不合理,扣1分		
	打压检漏	6	管路错接,扣2分 保压时间不足,扣2分 打压压力不合理,扣2分 打压重做,每次扣3分		
任务4:空调系统抽真空	抽真空	5	未按要求完成抽真空保压本项得0分 管路错接,扣1分 抽真空时间不足,扣2分 真空度不达要求,扣2分 抽真空重做,每次扣3分		
任务5:空调系统充注制冷剂与调试	充注制冷剂及调试	10	未充注制冷剂,本项得0分 管路错接,扣1分 充注过程中,每检出一处泄漏,扣2分 参数值达不到要求,每处扣2分 正确充注制冷剂,但运行模式设置错误,扣5分 运行时间不足,扣5分		

（续）

评分内容	项目	配分	评 分 标 准	操作	得分
任务6:冰箱系统电气接线与调试	冰箱排故	2	无故填写故障扣2分		
	线路连接与调试	8	未完成线路连接,本项得0分 导线选用不合理,扣1分 主电路、控制电路导线未按要求分离布线,扣1分 未套线码管或号码管数字方向不一致,扣0.5分 外露引线未套热塑管或黄蜡管,扣0.5分 导线未焊接或焊接不牢固,扣0.5分 未正确区分电源端子的连接线颜色,扣0.5分 接线端子的导线未镀锡或露铜,扣0.5分 连接线未扎线,扣0.5分 门灯未受开关控制,扣3分		
职业素养与安全意识	安全文明操作	10	出现电气事故、制冷剂泄漏、损坏组件及工具,扣4分 未穿劳动部门认定的电工绝缘鞋,扣1分 将工具等物品摆放在“装置”平台上和控制挂箱上,扣1分 将材料、工具等放到他人场地,扣1分 完成任务未能清理场地和整理工具,扣1分 违规带电测量但未造成触电,扣2分		
违规扣分			申领T形管每条,扣10分 申领ϕ3/8in铜管和ϕ6mm铜管,每米扣5分 申领二通阀、三通阀,每根扣5分 因操作不当导致大量制冷剂泄漏,扣10分 因操作不当导致触电或烫伤中的一项,扣10分 因违规操作,损坏赛场设备,扣10分 扰乱赛场秩序,干扰评委的正常工作,扣10分 现场有反映选手身份标志,扣5分		

注：1. 任务书中所有表格中参数数值不在有效范围则按错误数据处理，如数值正确但未填写单位或单位不对则扣相应项目一半的分值；

2. 操作栏中操作正确填“√”，操作不合理填“×”。

3. “详分细则”只针对操作部分，理论部分的答案见附件2。操作部分满分85分。

赛题五　操作技能任务书

一、说明

1. 本任务书的编制是以可行性、技术性和通用性为原则。

2. 本任务书依据全国职业院校技能大赛（中职组）“制冷与空调设备组装与调试”的具体工作要求和原劳动部、国家贸易部联合颁布的“中华人民共和国制冷设备维修工职业技能鉴定规范考核大纲”（中级工）设计编制的。

3. 任务完成总时间为4h。

4. 任务完成总分为100分。

二、任务

任务1　空调系统组装与调试。(50分)

任务1.1　组装空调制冷系统。(10分)

按照大赛提供的THRHZK—1型“现代制冷与空调系统技能实训装置”（简称“装置”，下同），截取相应长度的铜管，制作喇叭口，组装空调制冷系统，按图5-1将部件安装到位。

具体要求：

1. 按照图5-1中各部件位置的要求，将空调制冷系统部件安装到位，安装位置尺寸允许误差为±3mm。

2. 按照“装置”要求，以节省铜管为原则，完成制冷管路的设计制作，组装空调制冷系统，要求布局合理，连接可靠、美观。

任务1.2　空调制冷系统保压检漏、抽真空。(10分)

按照“中华人民共和国制冷设备维修工职业技能鉴定规范考核大纲”（简称为“大纲”，下同）的要求，按新组装的空调制冷系统进行保压检漏、抽真空。

具体要求：

1. 在进行保压检漏前，用0.8～1.0MPa氮气对空调制冷系统进行分段吹污。

2. 将1.2MPa氮气充入空调制冷系统，进行保压检漏，自检不漏后，开始申请保压，保压时间为20min。保压开始及结束时，参赛人员应举手示意，由参赛人员在表5-1中记录实训台低压表压力值和保压时间（以赛场挂钟时间为准），并由评委签字确认。

3. 如果发现有泄漏部位，应重新进行上述操作，直到不漏为止。

4. 空调制冷系统抽真空不少于30min，抽真空开始及结束时，参赛人员应举手示意，由参赛人员在表5-2中记录开始及结束的时间（以赛场挂钟时间为准）和双表修理阀低压表压力值，并由评委签字确认。

表 5-1 空调系统保压操作记录表

项目名称	次数	保压开始			保压结束		
		时间	压力值 /MPa	评委确认	时间	压力值 /MPa	评委确认
空调制冷系统的保压检漏	第一次						
	第二次						
	第三次						

注：1. 要求空调系统保压时间不少于 20min。
2. 表中数据用圆珠笔或签字笔填写。
3. 表中无评委签字确认或数据文字涂改项无效。

表 5-2 空调系统抽真空操作记录表

项目名称	次数	抽真空开始			抽真空结束		
		时间	压力值 /mmHg	评委确认	时间	压力值 /mmHg	评委确认
空调系统抽真空	第一次						
	第二次						
	第三次						

注：1. 要求空调系统抽真空时间不少于 30min。
2. 表中数据用圆珠笔或签字笔填写。
3. 表中无评委签字确认或数据文字涂改项无效。

任务 1.3 按照图 5-2 电气图，进行空调器电气线路的连接。(8 分)

具体要求：

1. 根据大赛提供的各种电线和配件，连接空调器电气线路。

2. 根据强、弱电信号选择不同导线进行连接，所有的电线必须布放在线槽内。

3. 测量空调器室内风机及压缩机各接线端子时，参赛人员应举手示意，由参赛人员记录在表 5-3 中，并由评委签字确认。

表 5-3 空调系统阻值测量记录表

项目名称	测量内容	测量结果/Ω	评 委 确 认
室内风机	起动端-低速档阻值 R_{11}		
	起动端-中速档阻值 R_{12}		
	起动端-高速档阻值 R_{13}		
压缩机	起动绕组阻值 R_{21}		
	运行绕组阻值 R_{22}		

注：1. 表中数据用圆珠笔或签字笔填写。
2. 表中无评委签字确认或数据文字涂改项无效。

任务 1.4 通电检测空调器电气系统故障。(8 分)

具体要求：

1. 空调系统通电后，不允许带电连接电路。

2. 检查电气系统的故障，并进行排除，记录在表 5-4 中，由评委签字。(注明：如需电

气配件，请向评委示意申领）

3. 禁止打开设备的空调电气控制模块挂箱进行排故。

表 5-4　空调系统故障排除记录表

序号	故障现象	空调电气系统故障部位	是否排除	评委确认
1				
2				

注：1. 表中数据用圆珠笔或签字笔填写。

2. 表中无评委签字确认或数据文字涂改项无效。

任务 1.5　空调制冷系统充注制冷剂。（5 分）

具体要求：

1. 将适量的制冷剂按操作规范充注到空调制冷系统中。

2. 禁止将制冷系统或制冷剂钢瓶中的制冷剂向赛场排放，如由于操作不当造成向赛场排放制冷剂，作违规操作处理。

任务 1.6　通电调试运行空调制冷系统，并测试空调系统其他参数。（9 分）

具体要求：

空调制冷系统自检合格后，将空调系统调到制冷状态，室内风机调至高速档。通电运行前，参赛人员应举手示意，并在表 5-5 中记录开始运行时间，由评委签字确认；运行 20min 后，参赛人员应举手示意，并由参赛人员在表 5-5 中记录当前时间及压缩机的吸气压力值及压缩机的运行电流值，由评委签字确认。

表 5-5　空调系统运行调试记录表

项目名称	项目内容	空调系统	评委确认
通电试运行	系统运行开始时间		
	系统运行结束时间		
	压缩机吸气压力值/MPa		
	压缩机的运行电流/A		

注：1. 要求空调系统运行 20min 后记录表中数据。

2. 表中数据用圆珠笔或签字笔填写。

3. 表中无评委签字确认或数据文字涂改项无效。

任务 2　冰箱系统组装与调试。（40 分）

任务 2.1　组装冰箱制冷系统。（6 分）

按照大赛提供的“装置”，截取相应长度的铜管，制作喇叭口，组装智能温控式冰箱制冷系统。

具体要求：

1. 按照图 5-1 中部件位置的要求，将冰箱制冷系统部件安装到位，安装位置尺寸误差为 ±3mm。

2. 按照“装置”要求，以节省铜管为原则，完成制冷管路的设计制作，组装冰箱制冷系统，要求布局合理，连接可靠、美观。

任务 2.2　制冷系统保压检漏、抽真空。（10 分）

完成冰箱制冷系统的保压检漏、抽真空。

具体要求：

1. 在进行保压检漏前，用0.8～1.0MPa氮气对冰箱制冷系统进行分段吹污。

2. 将0.8MPa氮气充入冰箱的制冷系统，进行保压检漏并清理检漏部位，自检不漏后，开始申请保压，冰箱的保压时间为30min，保压开始及结束时，参赛人员应举手示意，由参赛人员在表5-6中记录“装置”上低压表的压力值和保压时间（以赛场挂钟时间为准），并由评委签字确认。

3. 如果发现有泄漏部位，应重新进行上述操作，直到不漏为止。

4. 冰箱制冷系统抽真空时间不少于40min，抽真空开始及结束时，参赛人员应举手示意，由参赛人员在表5-7中记录开始及结束的时间（以赛场挂钟时间为准）和双表修理阀低压表压力值，并由评委签字确认。

表5-6　冰箱系统保压操作记录表

项目名称	次数	保压开始			保压结束		
		时间	压力值/MPa	评委确认	时间	压力值/MPa	评委确认
冰箱制冷系统的保压检漏	第一次						
	第二次						
	第三次						

注：1. 要求冰箱系统保压时间不少于30min。

2. 表中数据用圆珠笔或签字笔填写。

3. 表中无评委签字确认或数据文字涂改项无效。

表5-7　冰箱系统抽真空操作记录表

项目名称	次数	抽真空开始			抽真空结束		
		时间	压力值/mmHg	评委确认	时间	压力值/mmHg	评委确认
冰箱系统抽真空	第一次						
	第二次						
	第三次						

注：1. 要求冰箱系统抽真空时间不少于40min。

2. 表中数据用圆珠笔或签字笔填写。

3. 表中无评委签字确认或数据文字涂改项无效。

任务2.3　按照图5-2所示电气接线图，进行冰箱电气线路的连接。（5分）

具体要求：

1. 利用大赛提供的各种电线和配件，连接冰箱系统的电气线路。

2. 根据强、弱电信号选择不同导线进行连接，所有的电线必须布放在线槽内。

任务2.4　通电检测冰箱电气系统故障。（6分）

具体要求：

1. 冰箱系统通电后，不允许带电连接电路。

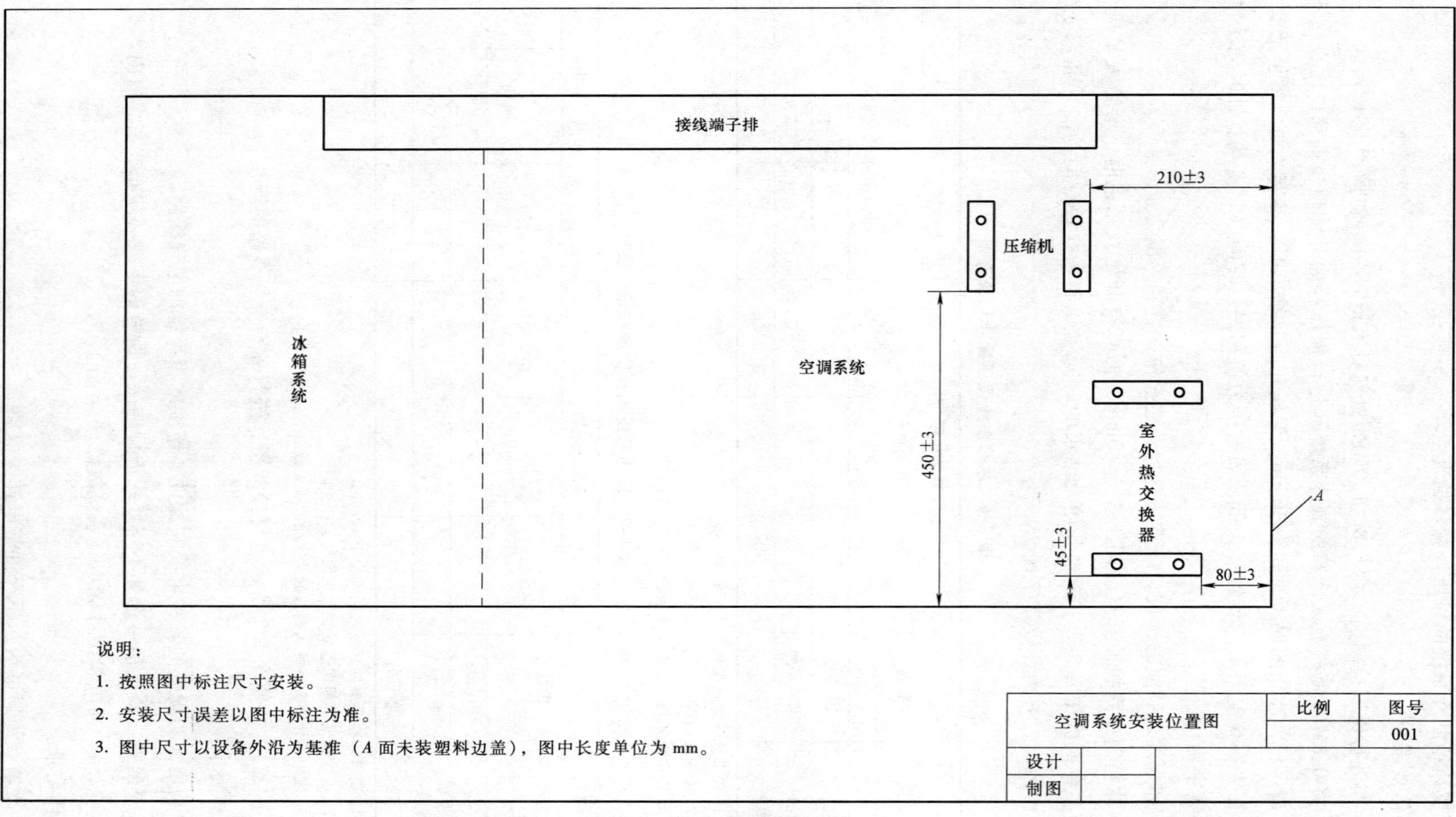

图 5-1　空调系统安装位置图

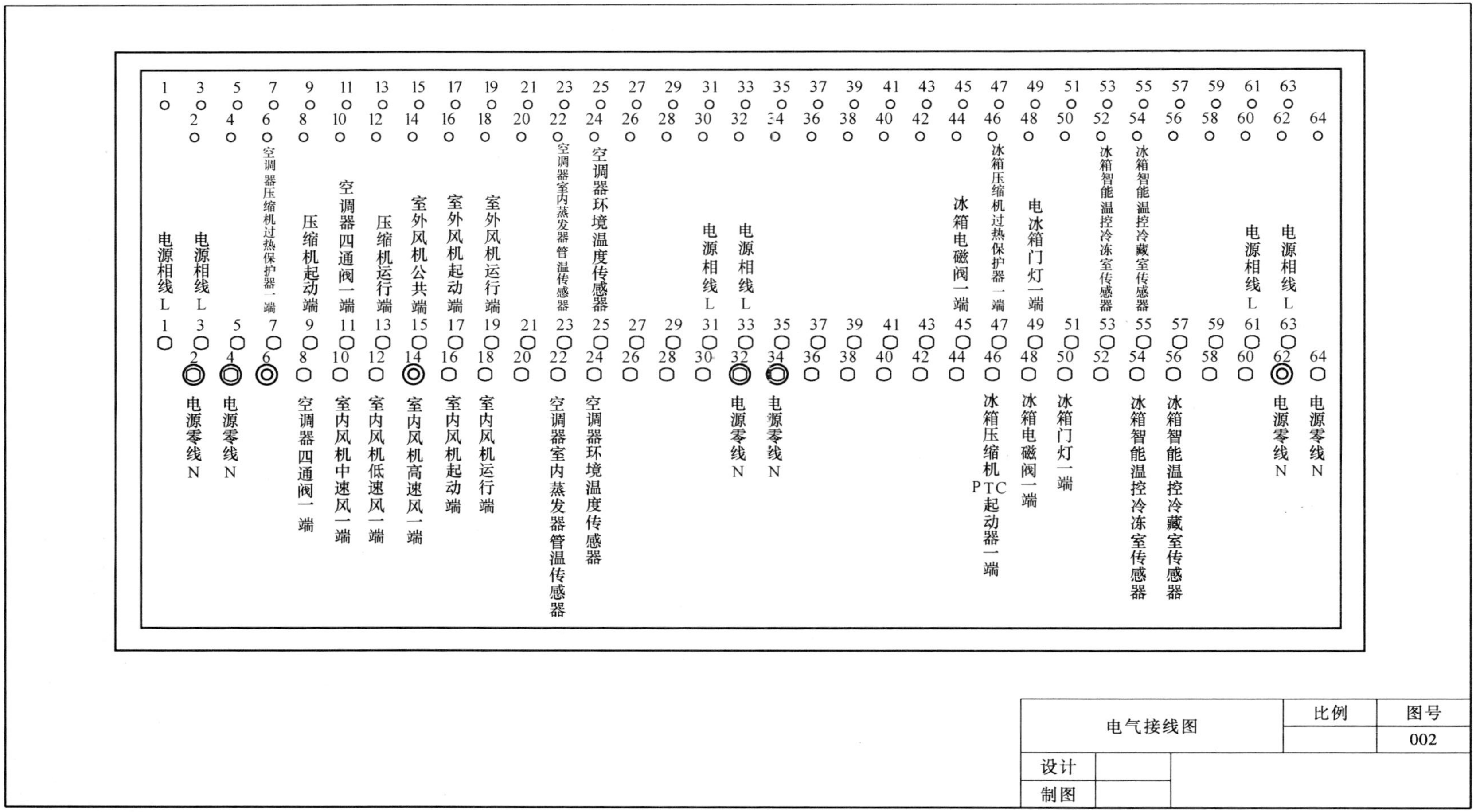

1 电源相线L
3 电源相线L
7 空调器压缩机过热保护器一端
9 压缩机起动端
11 空调器四通阀一端
13 压缩机运行端
15 室外风机公共端
17 室外风机起动端
19 室外风机运行端
23 空调器室内蒸发器管温传感器
25 空调器环境温度传感器
31 电源相线L
33 电源相线L
45 冰箱电磁阀一端
47 冰箱压缩机过热保护器一端
49 电冰箱门灯一端
53 冰箱智能温控冷冻室传感器
55 冰箱智能温控冷藏室传感器
61 电源相线L
63 电源相线L

2 电源零线N
4 电源零线N
8 空调器四通阀一端
10 室内风机中速风一端
12 室内风机低速风一端
14 室内风机高速风一端
16 室内风机起动端
18 室内风机运行端
22 空调器室内蒸发器管温传感器
24 空调器环境温度传感器
32 电源零线N
34 电源零线N
46 冰箱压缩机PTC起动器一端
48 冰箱电磁阀一端
50 冰箱门灯一端
54 冰箱智能温控冷冻室传感器
56 冰箱智能温控冷藏室传感器
62 电源零线N
64 电源零线N

电气接线图	比例	图号
		002
设计		
制图		

图 5-2 电气接线图

2. 检查电气系统的故障，并进行排除，记录在表 5-8 中，由评委签字确认。（注明：如需电气配件，请向评委示意申领）

3. 禁止打开设备的冰箱智能温控电气控制模块挂箱进行排故。

表 5-8　冰箱系统故障排除记录表

序号	故障现象	冰箱电气系统故障部位	是否排除	评委确认
1				
2				

注：1. 表中数据用圆珠笔或签字笔填写。

2. 表中无评委签字确认或数据文字涂改项无效。

任务 2.5　冰箱制冷系统充注制冷剂。（5 分）

对冰箱制冷系统充注制冷剂。

具体要求：

1. 将适量的制冷剂按操作规范充注到冰箱制冷系统中。

2. 禁止将制冷系统或制冷剂钢瓶中的制冷剂向赛场排放，如由于操作不当造成向赛场排放制冷剂，作违规操作处理。

任务 2.6　通电调试运行冰箱制冷系统，并测试冰箱系统其他参数。（8 分）

具体要求：

1. 冰箱设置状态为冷藏室温度 2℃；冷冻室温度 -18℃；变温室温度 0℃；速冻功能 off（关）；智能功能 off（关）；假日功能 off（关）。

2. 冰箱制冷系统自检合格后，通电运行前，参赛人员应举手示意，并在表 5-9 中记录开始运行时间，由评委签字确认；运行 20min 后，参赛人员应举手示意，并由参赛人员在表 5-9中记录当前时间及压缩机的吸气压力值、排气压力值及冰箱系统的整机电流值，由评委签字确认。

表 5-9　冰箱系统运行调试记录表

项 目 名 称	项 目 内 容	冰 箱 系 统	评 委 确 认
通电试运行	系统运行开始时间		
	系统运行结束时间		
	压缩机吸气压力值/MPa		
	压缩机排气压力值/MPa		
	冰箱系统的整机电流/A		

注：1. 要求冰箱系统运行 20min 后记录上表中数据。

2. 表中数据用圆珠笔或签字笔填写。

3. 表中无评委签字确认或数据文字涂改项无效。

任务 3　职业素质和安全操作。（10 分）

具体要求：

1. 遵守赛场纪律，爱护赛场设备。

2. 工位环境整洁，工具摆放整齐。

3. 具体操作均符合安全操作规程。

赛题五　评分细则

序号	评分内容及配比	评分要素	配分	评分标准	备注
1	空调系统组装与调试(50分)	组装空调制冷系统	10	设备位置关系不符合图样要求或损坏工具,本项得0分 设备安装尺寸超出±3mm扣2分 空调器管路安装不横平竖直,每根扣2分,最多扣4分 管子压扁或扭曲,每处扣1分,最多扣2分 固定件缺少或没有紧固,每处扣1分,最多扣2分 未套保温管或套错保温管扣2分	
		空调制冷系统保压检漏、抽真空	10	不进行吹污操作扣1分 空调器保压压力未控制在1.2MPa±0.05MPa范围内扣2分 空调器保压时间不够扣2分 重做每次扣1分 肥皂水未清理扣1分 空调制冷系统抽真空时间不足扣2分 空调制冷系统抽真空重做,每次扣1分	
		空调器电气线路的连接	8	不按接线图接线或电路连接不完整,本项得0分 强电线、弱电线不分,扣2分 导线不放在线槽内、横穿工作台T形槽或线槽内软线走线零乱,扣2分 未套号码管扣2分 电阻值测量得2分,电阻值大小关系有1处不正确,电阻值测量项得0分;在满足大小关系前提下,电阻值超出范围每处扣0.5分,最多扣2分(参考:$R_{13}>R_{12}>R_{11}$,$R_{21}>R_{22}$。$R_{11}=230\sim280\Omega$,$R_{12}=430\sim500\Omega$,$R_{13}=770\sim820\Omega$,$R_{21}=10\sim13\Omega$,$R_{22}=5.8\sim7.2\Omega$)	
		通电检测空调器电气系统故障	8	不按接线图接线或接线不完整,本项得0分 带电检测电路但未造成触电事故的,本项得0分,造成触电事故的按违规扣分 未能判断出空调器室外风机起动电容开路扣3分,未能排除故障扣1分 未能判断出接线端子排15号端子开路扣3分,未能排除故障扣1分	
		空调制冷系统充注制冷剂	5	上述任何一项未完成,本项均得0分 任一处操作不规范扣2分,扣完为止	
		通电调试运行空调制冷系统,并测试空调系统其他参数	9	上述任何一项未完成,本项均得0分 系统运行时间不够扣5分 空调器压缩机吸气压力不在0.25~0.4MPa范围内扣2分 空调器压缩机运行电流不在2.1~2.4A范围内或测试方法不正确扣2分	

（续）

序号	评分内容及配比	评分要素	配分	评 分 标 准	备注
2	冰箱系统组装与调试(40分)	组装冰箱制冷系统	6	冰箱管路安装不横平竖直每根扣1分,最多扣2分 管子压扁或扭曲每处扣1分,最多扣2分 固定件缺少或没有紧固每处扣1分,最多扣2分	
		制冷系统保压检漏、抽真空	10	不进行吹污操作扣1分 冰箱保压压力未控制在0.8MPa±0.02MPa,扣2分 冰箱保压时间不够扣2分 重做每次扣1分 肥皂水未清理扣1分 冰箱制冷系统抽真空时间不足扣2分 冰箱制冷系统抽真空重做每次扣1分	
		冰箱电气线路的连接	5	不按接线图接线或电路连接不完整,本项得0分 强电线、弱电线不分扣2分 导线不放在线槽内、横穿工作台T形槽或线槽内软线走线零乱,扣2分 未套号码管扣1分	
		通电检测冰箱电气系统故障	6	不按接线图接线或接线不完整,本项得0分 带电检测电路未造成触电事故本项得0分,造成触电事故的按违规扣分 未能判断二位三通电磁阀线圈控制线路板故障扣4分 未能排除故障扣2分	
		冰箱制冷系统充注制冷剂	5	上述任何一项未完成,本项均得0分 冰箱制冷系统充注制冷剂量超出40g±10g范围扣3分 任一处操作不规范扣2分,扣完为止	
		通电调试运行冰箱制冷系统,并测试冰箱系统其他参数	8	上述任何一项未完成,本项均得0分 未正确设置冰箱状态扣2分 系统运行时间不够扣3分 冰箱压缩机吸气压力不在-0.05~-0.03MPa范围内扣1分 冰箱压缩机排气压力不在0.40~0.65MPa范围内扣1分 冰箱系统整机电流不在0.45~0.55A范围内或测试方法不正确扣1分	
3	职业素质和安全操作(10分)	从大赛开始到结束全过程	10	遵守赛场纪律,爱护赛场设备得2分,有不尊重赛场工作人员一次扣2分 大赛结束时,工具摆放整齐,工位环境整洁得2分,工作台表面遗留工具或零星材料扣1分 在操作全过程中,均符合安全操作规程得6分,每违规一项(没有造成事故)扣2分	

其他违规扣分：

1. 在完成工作任务过程中，操作不符合工艺规程在相应项目中每处扣2分。

2. 因操作不当导致制冷剂泄漏或熔断器熔断，出现其中一项扣10分；造成触电或烫伤事故，一项扣20分。

3. 因违规操作，损坏赛场设备扣20分，损坏赛场配件扣5分。

4. 扰乱赛场秩序，干扰评委的正常工作扣20分，情节严重者，经首席评委同意，取消参赛资格。

5. 在参赛过程中作弊，经首席评委同意，取消参赛资格。

赛题六 操作技能任务书

一、任务描述

“制冷与空调设备组装与调试”技能大赛，依据国家职业资格鉴定“制冷设备维修工”职业（工种）高级工标准，结合制冷与空调专业教学实际，以 THRHZK—1 型现代制冷与空调系统技能实训装置为操作平台，设定了制冷与空调设备组装与调试竞赛任务。需完成热泵型空调器的制冷系统设备及管路的设计与安装、系统吹污、打压检漏、抽真空、充注制冷剂、电气控制系统接线与运行调试等任务。智能温控型冰箱的制冷系统赛前已经安装完毕，只需完成系统吹污、打压检漏、抽真空、充注制冷剂、排除电气控制系统故障、运行调试任务。

所有任务须在 240min 内完成。

二、竞赛要求

1. 正确使用专用工具，操作安全规范。
2. 部件安装、电路及管路连接正确、可靠，符合要求。
3. 爱惜赛场的设备和器材，尽量减少耗材的浪费。
4. 保持工作台及附近区域干净整洁。
5. 操作过程需要记录的数据根据要求须评委确认签字，无记录、无评委签字，该操作不得分。
6. 操作过程中填写的数据不允许涂改，否则数据无效。
7. 竞赛过程中如有异议，可向现场评委反映，不得扰乱赛场秩序。
8. 遵守赛场纪律，尊重赛场工作人员，服从指挥。

三、任务

任务 1 空调制冷系统设计与安装。(30 分)

参赛队配发统一长度线缆及配件，以 THRHZK—1 型现代制冷与空调系统技能实训装置为操作平台，完成以下操作：

1. 根据图 6-1 中设备位置要求，将该设备安装就位。
2. 自行设计热泵型空调器其他设备在实训平台上的所在位置，并将其安装就位。
3. 根据自己已安装就位的各个设备的位置，合理设计管路走向，测量管路所需尺寸。
4. 根据测量尺寸，截取铜管进行加工制作，正确选择配件，采用焊接或者螺纹连接的方式，完成热泵型空调制冷系统以及压缩机吸、排气压力表的接装。
5. 测量剩余铜管长度（长度小于 150mm 的管子不计），计算使用量，填入表 6-1。

任务要求：

1. 设备安装位置尺寸允许误差为 ±3mm。

2. 设计安排空调器所缺设备位置时，要求尽量接近实际空调器的布局，高压设备之间、低压设备之间、三通阀和两通阀相对集中。

3. 尽量减少铜管用量及弯头数，管路布局合理、不能相互影响，管路走向平直、美观。

4. 管路连接美观、正确、可靠。

5. 该项配分 30 分。

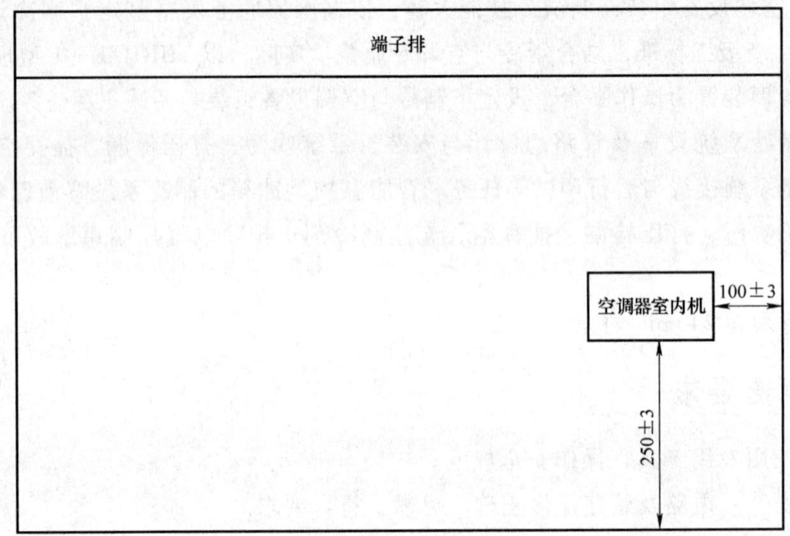

图 6-1　空调系统换热器安装位置图

表 6-1　铜管领用记录表

规格	领用铜管/m	剩余铜管/m	实际用量/m	配件用量
ϕ9.52mm				
ϕ6.35mm				
评委签字				日　时　分

任务 2　电气控制系统设计、接线与调试。(15 分)

根据热泵型空调器电气控制原理，进行空调电气控制系统安装接线和调试，以实现如下功能：制冷、制热功能，温度调节与控制功能，压缩机过热、过电流保护功能，室内风机高、中、低三档调速功能。

选手完成以下操作：

1. 设计线缆走向，选择线缆。

2. 测量、选择、安装电气元件。

3. 测量所需线缆长度，将电气元件及设备接至端子排上并标注线号。

4. 将线缆布放于线槽内，酌情固定。

5. 启动系统试运行。

6. 将所用端子的端子号及所接电气元件填入表 6-2。

7. 分别测量空调器压缩机绕组阻值、室内风机绕组阻值、室外风机绕组阻值，阻值数据经评委确认后填入表 6-3。

8. 如系统不能启动或有其他故障，自行排查处理，并将排查过程填入表 6-4，如无故障，则不填。

任务要求：

1. 通电试运行必须安全操作。

2. 尽量减少线缆等材料的浪费。

3. 相线、零线选用 1.0mm^2 线缆，控制信号线选用 0.5mm^2 线缆，设备电源线选用 0.75mm^2 线缆。

4. 与端子排连接线缆须包锡处理，线缆对接须外套热缩管。

5. 端子排上，1～30 号接线端子用于空调器电气控制系统接线。

6. 线槽内、外布线整齐、美观。

7. 强电、弱电线缆分开，分别沿线槽左右两边布放。

8. 调试完成后须实现各项控制功能。

9. 该项配分为 15 分。

表 6-2　端子排接线记录表

端子号	器件	接线线径	颜色	端子号	器件	接线线径	颜色
1				16			
2				17			
3				18			
4				19			
5				20			
6				21			
7				22			
8				23			
9				24			
10				25			
11				26			
12				27			
13				28			
14				29			
15				30			

表 6-3　空调系统阻值测量记录表

序号	设备	测量对象	阻值/Ω
1	空调器压缩机	起动绕组	
2		运行绕组	

（续）

序号	设备	测量对象	阻值/Ω
3	室内风机	起动绕组	
4		起动端与低速档	
5		起动端与中速档	
6		起动端与高速档	
7	室外风机	起动绕组	
8		运行绕组	
评委签字			日　　时　　分

表 6-4　空调系统故障排除记录表

系统	故障现象	故障点	是否排除	评委签字
空调器				

任务 3　系统吹污、打压检漏。（10 分）

按照工艺要求，对赛前已经安装完毕的智能温控型冰箱制冷系统，和现场选手自行设计安装的热泵型空调制冷系统，分别进行吹污、打压检漏操作：

1. 将氮气瓶与制冷系统作吹污连接。

2. 将氮气调至规定压力对系统进行吹污，直至断定系统干净。

3. 吹污开始后，报请评委验证使用气体压力值，并监督吹污过程，将数值填入表 6-5，并由评委签字确认，否则该项不得分。

4. 将氮气瓶与制冷系统作打压检漏连接。

5. 将氮气调至规定压力，对系统进行打压检漏，保压 20min 后，报请评委验证压力值，将打压压力值填入表 6-5，并与评委同时签字确认。

6. 拆除氮气瓶。

任务要求：

1. 吹污、打压检漏使用氮气压力符合规范。

2. 吹污、打压管路连接正确。

3. 如需更换器件或需焊接，向评委申请，经评委同意之后再做处理。

4. 该项配分为 10 分。

表 6-5　系统吹污保压操作记录表

系统	次数	吹污压力/MPa	判断吹污是否结束的依据	检漏压力/MPa	保压时间/min	压力回升/MPa
空调器	第一次					
	第二次					
	第三次					
冰箱	第一次					
	第二次					
	第三次					
评委签字				日　　时　　分		

任务4　系统抽真空。(5分)

热泵型空调器、智能温控型冰箱制冷系统打压检漏之后，进行系统抽真空。完成以下操作：

1. 连接组表及真空泵。

2. 通电运行真空泵，开始抽真空。

3. 持续观察压力表，直至达到真空度要求。

4. 真空泵断电停机，报请评委验证压力值，保压10min后，将真空度值填入表6-6，并由评委签字确认。

5. 拆除真空泵。

任务要求：

1. 抽真空真空度须达－0.9bar以下。

2. 保压期间发现压力回升，须再次打压检漏以确认原因。

3. 查出原因排除故障后继续抽真空。

4. 该项配分为5分。

表6-6　系统抽真空操作记录表

	次数	真空度/bar	抽真空用时/min	保压时间/min	压力回升/bar
空调器	第一次				
	第二次				
	第三次				
冰箱	第一次				
	第二次				
	第三次				
评委签字				日　时　分	

任务5　智能温控型冰箱故障排除、充注制冷剂及运行调试。(20分)

智能温控型冰箱电气控制系统已经安装完毕，只需在系统抽真空之后，充注制冷剂，然后通电试运行，要求实现：冷藏室、冷冻室温度调节与控制功能，压缩机过热、过电流保护功能，门灯及两位三通阀控制功能。本过程须完成以下操作：

1. 系统开始打压检漏之后，就可以向现场评委领取制冷剂钢瓶（罐）并称重，经评委确认后录入表6-7。

2. 正确选择制冷剂，连接制冷系统、组表、制冷剂钢瓶（罐）。

3. 通电试运行，根据设备运行情况，判断故障并排除故障，确认全部故障排除后，将排故过程填入表6-8。

4. 充注制冷剂，确认充注适量后，稳定运行10min，须报请评委确认开始和结束时间，如实记录运行参数，并将各参数值填入表6-9。

5. 制冷剂钢瓶（罐）称重，报请评委确认后，计算制冷剂使用量录入表6-7，并与评委同时签字确认。

任务要求：

1. 通电试运行必须安全操作。

2. 冰箱设置状态：冷冻室温度 -24℃、变温室温度 0℃、速冻功能 off（关）、智能功能 off（关）、假日功能 on（开）。

3. 更换器件须经现场评委同意。

4. 排故过程不能改变端子排上接线位置。

5. 与端子排连接线缆须包锡处理，线缆对接须外套热缩管。

6. 调试完成后须实现各项控制功能。

7. 线槽内、外布线整齐、美观。

8. 强电、弱电线缆，分别沿线槽两端布放。

9. 冰箱运行电流达 0.4 ~ 0.5A；吸气绝对压力达 0.5 ~ 0.6bar；排气绝对压力达3.0 ~4.0bar。

10. 该项配分为 20 分。

表 6-7　制冷剂领用记录表

R600a 压力罐重量/g			
充注前	调试结束	实际用量	
评委签字			日　　时　　分

表 6-8　故障排除记录表

序号	故障现象	故障点	是否排除	器件更换时间	评委确认
1					
2					

表 6-9　冰箱系统运行调试记录表

充注过程	运行电流/A	吸气压力/bar	排气压力/bar	冷凝器出液温度/℃	蒸发器回气温度/℃	时间		
						运行开始	运行结束	调试用时
第一次								
第二次								
评委签字						日　　时　　分		

任务 6　空调器制冷剂充注与系统调试。（10 分）

热泵型空调制冷系统抽完真空后，充注适量制冷剂，以实现制冷、制热功能。充注过程须完成以下操作：

1. 系统完成打压检漏之后，就可以向现场评委领取制冷剂钢瓶（罐）并称重，经评委确认后录入表 6-10。

2. 连接制冷系统、组表、制冷剂钢瓶（罐）。

3. 充注制冷剂。

4. 确认充注适量后，将空调器进行制热运行 10min，须报请评委确认开始和结束时间，如实记录运行参数，并将各参数值填入表 6-11。

5. 制冷剂钢瓶（罐）称重，报请评委确认后，计算制冷剂使用量录入表 6-10，由评委签字确认。

6. 完成调试，向评委报告结束时间，由评委签字确认。

任务要求：

1. 制冷剂选择正确。

2. 制冷剂充注适量。

3. 尽量减少制冷剂的排放量。

4. 各项参数值、运行情况及结论，须在评委监督下记录。

5. 空调器运行电流达 2.2 ~ 2.6A；吸气绝对压力达 4.4 ~ 5.2bar；排气绝对压力达14 ~ 16bar。

6. 该项配分为 10 分。

表 6-10 制冷剂领用记录表

R22 钢瓶重量/g		
充注前	调试结束	实际用量
评委签字		日　　时　　分

表 6-11 空调系统运行调试记录表

充注过程	运行电流/A	吸气压力/bar	排气压力/bar	冷凝器出液温度/℃	蒸发器回气温度/℃	室内送风温度/℃	时间		
							运行开始	运行结束	调试用时
第一次									
第二次									
评委签字						日　　时　　分			

四、职业素养与安全意识（10 分）

评分要求：

1. 该项配分为 10 分。

2. 完成竞赛任务所有操作符合安全操作规范。

3. 操作台、工作台表面整洁，工具摆放、导线头等处理符合职业岗位要求。

4. 遵守赛场纪律，尊重赛场工作人员。

5. 爱惜赛场设备、器材。

五、违规扣分

选手有下列情形，需从竞赛成绩中扣分：

1. 在完成竞赛过程中，因操作不当导致事故，视情节扣 10 ~ 20 分，情况严重者取消比赛资格。

2. 因违规操作损坏赛场提供的设备，污染赛场环境等不符合职业规范的行为，视情节扣 5 ~ 10 分。

3. 扰乱赛场秩序，干扰评委工作，视情节扣 5 ~ 10 分，情节严重者取消竞赛资格。

赛题六　评分细则

任务	评分点	配分	评分标准
1	制冷系统管路设计	15	两个阀门没有并排近放,扣2分 高低压设备没有分区布放,扣15分 管路布置拥挤、不美观,酌情扣2~6分 高低压设备基本分区布放,铜管或阀门超过内、外机一根,扣2分 该项最多扣15分
	制冷系统管路制作与安装	15	管路不平直,每根扣1分 铜管用量超过配给量,扣3分 设备安装误差大于3mm,扣3分 弯头不足或超过90°,每个扣1分 弯头过多,管路过长,酌情扣2~6分 视液镜漏接、截止阀反接,每处扣2分 焊接处不圆滑、铜管压扁或扭曲变形,每处扣1分 该项最多扣15分
2	电气控制系统接线	8	线缆用量超过配给量,扣3分 线槽内布线散乱,酌情扣4~6分 线槽外线缆未套管,每根扣1分 操作不当损坏器件,每个扣3分 强、弱电线缆未按要求布放扣5分 未能完成布线,每漏接一个器件扣2分 线缆接头未焊接或未套热塑管,每处扣1分 缺少线号管、未包锡处理或连接不安全可靠,每处扣1分 该项最多扣8分
	电气控制系统调试	7	绕组阻值测量值没有全对,扣2分 控制功能及要求没有全部实现,每缺一项扣4分 出现故障后,原因分析、排故思路与方法错误,扣5分 调试过程损坏器件或因事先未能正确判断器件,每个扣3分 该项最多扣7分
3	系统吹污	4	未进行吹污操作,扣4分 使用制冷剂吹污,扣4分 不能正确判断吹污是否达到要求,扣4分 冰箱吹污压力没有控制在0.5~0.6MPa范围之内,扣2分 空调器吹污压力没有控制在0.8~1.0MPa范围之内,扣2分 该项最多扣4分
	打压检漏	6	有一处泄漏,扣3分 管路错接一处,扣2分 保压时间不足,扣3分 未进行打压检漏,扣6分 如有漏检,每漏检一处,扣2分 冰箱打压压力没有控制在0.78~0.98MPa范围之内,扣3分 空调器打压压力没有控制在1.1~1.25MPa范围之内,扣3分 该项最多扣6分
4	系统抽真空	5	保压时间不足,扣2分 管路每错接一处,扣2分 真空度不达要求,扣3分 未进行抽真空操作,扣5分 不能分析真空度不达要求原因且不能确认故障点,扣5分 该项最多扣8分

（续）

任务	评分点	配分	评分标准
5	冰箱排故	12	漏排故障，每个扣3分 接线露铜，每根扣1分 一个故障都没排除，扣12分 器件选择错误，每个扣3分 排故后端子排接线位置更换，每个扣2分 该项最多扣12分
	冰箱充注制冷剂与调试	8	未进行检漏，扣6分 管路错接一处，扣4分 制冷剂选择错误，扣8分 参数值达不到要求，每个扣2分 充注过程中，每检出一处泄漏，扣6分 充注结束后拆管造成大量泄漏，扣6分 该项最多扣8分
6	空调器制冷剂充注与调试	10	未进行检漏，扣6分 管路错接一处，扣4分 制冷剂选择错误，扣8分 参数值达不到要求，每个扣2分 充注过程中，每检出一处泄漏，扣6分 充注结束后拆管造成大量泄漏，扣6分 该项最多扣10分

职业素养与安全意识评分表

项目	评分点	配分	评分标准		
职业素养与安全意识	基本操作技能、安全规范操作	10	违规操作一次，扣5分 违反竞赛规则一次，扣5分 操作不当损坏工具一把，扣5分 工作台表面遗留器件一个，扣2分 操作结束工具未能整齐摆放，扣5分 工作台表面遗留工具一把(套)，扣3分 工作台表面遗留线缆、管材一根，扣2分 有不尊重赛场工作人员行为一次，扣5分 该项最多扣10分		
评委		日期		扣分合计	

违规操作扣分项

扣分点	扣分标准				
事故或严重违纪	在完成竞赛过程中，因操作不当导致事故，视情节扣10~20分，情况严重者取消比赛资格				
	因违规操作损坏赛场提供的设备，污染赛场环境等不符合职业规范的行为，视情节扣5~10分				
	扰乱赛场秩序，干扰评委工作，视情节扣5~10分，情节严重者取消竞赛资格				
	竞赛过程中，指导老师违规指导学生，视情节扣5~10分，情节严重者取消竞赛资格				
评委		日期		扣分合计	

赛题七　操作技能任务书

一、说明

1. 考试完成时间为 4.5h（270min）。

2. 任务完成总分为 100 分。

3. 每一张试卷必须写上工位号。

二、任务

任务 1　理论题。（15 分）

1. 什么是过热？（2 分）

2. 制冷循环分为哪四个过程？（2 分）

3. 传热一般可分为几种形式？（2 分）

4. 简要叙述热力学第二定律。（3 分）

5. 空调制冷系统正常低压范围、正常高压范围分别是多少？（3 分）

6. 什么是饱和温度？一般说来，压力升高，则饱和温度如何变化？（3 分）

任务 2　空调制冷系统的组装。（25 分）

按照大赛提供的 THRHZK—1 型“现代制冷与空调系统技能实训装置”（简称“装置”，下同），按图 7-1 所绘制的空调器压缩机的位置，要求符合家用热泵型分体式空调器的结构，在“装置”的平台上，选择大赛提供的管材，经济、合理地自行设计管路走向，完成空调制冷系统的组装。

具体要求：

1. 按图 7-1 所示空调器压缩机安装定位图，安装定位，定位尺寸误差为 ±2mm。

2. 选择室内换热器、室外换热器、四通电磁换向阀、空调阀的位置，符合家用热泵型分体式空调器的结构，自行设计管路走向。

3. 以最省的铜管用量，完成制冷管路的设计制作并进行组装，要求布局合理，连接可靠、美观。

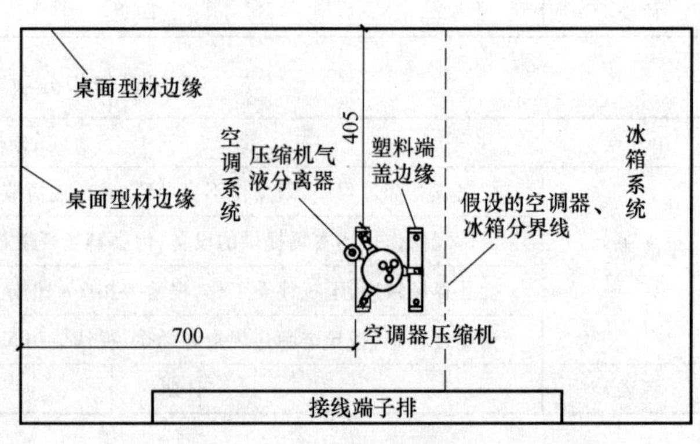

图 7-1　空调器压缩机安装定位图

4. 绘制设计制作的铜管示意图。

5. 原“装置”上所拆卸的制冷管路不能使用。

任务3　按照“中华人民共和国制冷设备维修工职业技能鉴定规范考试大纲”（简称为“大纲”，下同）的要求，对新组装的空调制冷系统进行保压、检漏、抽真空和充注制冷剂。(15分)

具体要求：

1. 在进行保压检漏前，用0.8～1.0MPa氮气对空调制冷系统进行分段吹污。

2. 将氮气充入空调制冷系统进行检漏，自检不漏后，开始申请保压，保压压力为1.2MPa，保压时间为20min，保压开始及结束时，参赛人员应举手示意，由参赛人员在表7-1中记录实训台低压表压力值和保压时间（以赛场挂钟时间为准），并由评委签字确认。

3. 如果发现有泄漏部位，应重新进行上述操作，直到不漏为止。

4. 空调制冷系统抽真空时间不少于30min，抽真空开始及结束时，参赛人员应举手示意，由参赛人员在表7-2中记录开始及结束时间（以赛场挂钟时间为准）和双表修理阀低压表值，并由评委签字确认。

表7-1　空调系统保压操作记录表

项目名称	次数	保压开始			保压结束		
		时间	压力值/MPa	评委确认	时间	压力值/MPa	评委确认
空调制冷系统的保压检漏	第一次						
	第二次						

注：1. 要求空调系统保压时间不少于20min。
2. 表中数据用圆珠笔或签字笔填写。
3. 表中数据文字涂改项无效。

表7-2　空调系统抽真空操作记录表

项目名称	次数	抽真空开始			抽真空结束		
		时间	压力值/MPa	评委确认	时间	压力值/MPa	评委确认
空调制冷系统的抽真空	第一次						
	第二次						

注：1. 要求空调系统抽真空时间不少于30min。
2. 表中数据用圆珠笔或签字笔填写。
3. 表中数据文字涂改项无效。

任务4　按照图7-2所示电气接线图，进行空调电气线路的连接。通电调试运行空调制冷系统，使其在安全、经济的条件下达到耗功最小、效率最高的预期效果。(15分)

具体要求：

1. 利用大赛提供的各种电线和配件，连接空调系统的电气线路。

2. 根据强、弱电信号的特点选择不同的导线进行连接，所有的电线必须布放于线槽内。

3. 测量空调器室外风机、传感器及压缩机各部件阻值时，参赛人员应举手示意，由参赛人员把测量结果记录在表7-3中，并由评委签字确认。

4. 空调制冷系统自检合格后，空调器调至制热状态，室内风机调至中档送风。通电开始前，参赛人员须举手示意，并在表7-4中记录运行开始时间，由评委签字确认；运行20min后，参赛人员须举手示意，并由参赛人员在表7-4中记录当前时间及压缩机的吸气压力值、排气压力值及压缩机的运行电流值，由评委签字确认。

表 7-3　阻值测量记录表

项目名称	测量内容	测量结果/Ω	评委确认
测量和判断空调器室外机、传感器及压缩机各接线端子	室外风机起动绕组阻值		
	室外风机运行绕组阻值		
	环境温度传感器阻值		
	空调器压缩机起动绕组阻值		
	空调器压缩机运行绕组阻值		

注：1. 表中数据用圆珠笔或签字笔填写。
2. 表中数据文字涂改项无效。

表 7-4　空调器运行调试记录表

项目名称	项目内容	空调系统	评委确认
通电试运行	系统运行开始时间		
	系统运行结束时间		
	压缩机吸气压力值/MPa		
	压缩机排气压力值/MPa		
	压缩机的运行电流/A		

注：1. 要求空调系统运行 20min 后记录表中数据。
2. 表中数据用圆珠笔或签字笔填写。
3. 表中数据文字涂改项无效。

任务 5　按照“中华人民共和国制冷设备维修工职业技能鉴定规范考核大纲”的要求，完成冰箱制冷系统的保压、检漏、抽真空。(10 分)

具体要求：

1. 排除冰箱管路中的相关故障。

2. 进行保压检漏前，用氮气对冰箱制冷系统进行吹污。

3. 在冰箱的制冷系统中充入氮气使其压力达到 0.8MPa，充注氮气完成后进行保压、检漏并清理检漏部位，自检不漏后申请保压，保压时间为 30min。保压开始及结束时，参赛人员须举手示意，由参赛人员在表 7-5 中记录保压开始时间以及实训台上低压表的压力值（以赛场挂钟时间为准)，并由评委签字确认。

4. 如果发现有泄漏部位，应重新进行上述操作，直到不漏为止。

5. 冰箱制冷系统抽真空时间不少于 40min，抽真空开始及结束时，参赛人员须举手示意，由参赛人员在表 7-6 中记录开始及结束的时间（以赛场挂钟时间为准)，并记录双表修理阀低压表的压力值，由评委签字确认。

6. 禁止将制冷系统或制冷剂罐中的制冷剂向赛场排放，如由于操作不当引起向赛场排放制冷剂，该题目不得分。

任务 6　按照图 7-2 电气接线图，进行冰箱电气线路的连接。通电调试运行冰箱制冷系统，使其在安全、经济的条件下达到耗功最小、效率最高的预期效果。(10 分)

1. 根据大赛提供的各种电线和配件，连接冰箱系统的电气线路。

2. 根据强、弱电信号的特点选用不同的导线进行连接，所有的电线必须布放置线槽内。

表 7-5　保压操作记录表

项目名称	次数	保压开始			保压结束		
		时间	压力值/MPa	评委确认	时间	压力值/MPa	评委确认
冰箱制冷系统的保压检漏	第一次						
	第二次						
	第三次						

注：1. 要求冰箱系统保压时间不少于 30min。
2. 表中数据用圆珠笔或签字笔填写。
3. 表中数据文字涂改项无效。

表 7-6　抽真空操作记录表

项目名称	次数	抽真空开始			抽真空结束		
		时间	压力值/MPa	评委确认	时间	压力值/MPa	评委确认
冰箱制冷系统的抽真空	第一次						
	第二次						

注：1. 要求冰箱抽真空时间不少于 40min。
2. 表中数据用圆珠笔或签字笔填写。
3. 表中数据文字涂改项无效。

3. 排除冰箱制冷系统的相关故障。

4. 冰箱设置状态：冷藏室温度 2℃、冷冻室温度 -24℃、变温室温度 0℃、速冻功能 off（关）、智能功能 off（关）、假日功能 on（开）。

5. 冰箱制冷系统自检合格后，按上述要求设置并启动冰箱系统通电开始前，参赛人员须举手示意，并在表 7-7 中记录开始运行时间，由评委签字确认；运行 20min 后，参赛人员须举手示意，并由参赛人员在表 7-7中记录当前时间及压缩机的吸气压力值、排气压力值及压缩机的运行电流值，由评委签字确认。

表 7-7　运行调试记录表

项目名称	项目内容	冰箱系统	评委确认
通电试运行	系统运行开始时间		
	系统运行结束时间		
	压缩机吸气压力值/MPa		
	压缩机排气压力值/MPa		
	压缩机的运行电流/A		

注：1. 要求冰箱系统运行 20min 后记录表中数据。
2. 表中数据用圆珠笔或签字笔填写。
3. 表中数据文字涂改项无效。

任务 7　安全文明。（10 分）

工具设备的使用、维护、安全及文明生产要求参见表 7-8。

表 7-8　安全文明要求

检查内容		技术要求	评分标准	扣分	总得分
工具设备使用和维护	工具的使用和维护	1. 割刀工具的正确使用和维护 2. 胀管工具的正确使用和维护 3. 专用工具的正确使用和维护	操作全过程中巡视记分 1. 对电烙铁逐工位检查 2. 各项操作方法不当或错误扣1分/项		
	仪表设备的使用和维护	1. 万用表的正确使用和维护 2. 双头维修表使用的情况 3. 真空泵	操作全过程中巡视记分 使用万用表、仪器设备方法不当或操作损坏扣2分/次		
安全及文明生产	生产现场安全规范	1. 工位用电条件的安全性 2. 用电器(电烙铁、设备、仪器等)的可靠安全用电 3. 不出现工伤事故	操作全过程中巡视检查记分 操作过程有不安全用电现象扣2分/项		
	文明生产	1. 操作工位卫生良好 2. 全部操作过程井然有序,无杂乱无章的现象 3. 严格遵守工艺规程操作 4. 不浪费原材料 5. 违反比赛规定,提前进行操作的,由现场评委负责记录,扣5~10分 6. 现场操作过失未造成严重后果的,由现场评委负责记录,以0分计算 7. 顶撞评委,致使赛场混乱,引起恶劣影响者,由主评委宣布终止该选手的比赛,以0分计算 8. 发生严重违规操作或作弊,经确认后,由主评委宣布终止该选手的比赛,以0分计算	操作全过程中巡视记分 不符合技术要求扣1分/项		

赛题七　评 分 细 则

任务 1　理论题。(15 分)

1. 什么是过热?(2 分)

答:过热指在某一定压力下,制冷剂蒸汽的实际温度高于该压力下相对应的饱和温度的现象。

2. 制冷循环分为哪四个过程?(2 分)

答:蒸发过程、压缩过程、冷凝过程、节流过程。

3. 传热一般可分为几种形式?(2 分)

答:热传导、热对流和热辐射。

4. 简要叙述热力学第二定律。(3 分)

答:热量能自动地从高温物体向低温物体传递,不能自动地从低温物体向高温物体传递。要使热量从低温物体向高温物体传热,必须借助于外力,即消耗一定的电能和机械能。

5. 空调制冷系统正常低压范围、正常高压范围分别是多少?(3 分)

答:低压范围 0.4 ~ 0.6MPa、高压范围 1.5 ~ 1.9MPa。

6. 什么是饱和温度?一般说来,压力升高,则饱和温度如何变化?(3 分)

答:液体沸腾时所维持的不变温度成为沸点,又称为在某一压力下的饱和温度。一般来说,压力升高,则饱和温度也升高。

任务 2　空调制冷系统的组装。(25 分)

评分标准:

1. 按图制作,定位误差控制正确,得 5 分。

2. 室内换热器、室外换热器、四通电磁换向阀、空调阀的位置,符合家用热泵分体式空调器的结构,管路及其附件安装走向设计正确,而且压缩机按图安装,得 10 分。

3. 铜管示意图与实际相同,得 10 分。

任务 3　按“中华人民共和国制冷设备维修工职业技能鉴定规范考试大纲”(简称“大纲”,下同)的要求,按新组装空调制冷系统进行保压、检漏、抽真空和加注制冷剂。(15 分)

评分标准:

1. 保压 5 分。

2. 检漏 2 分。

3. 抽真空 5 分。

4. 充注制冷剂 3 分。

任务 4　按照图 7-2 所示的电气接线图,进行空调器电气线路的连接。通电调试运行空调制冷系统,使其在安全、经济的条件下达到耗功最小、效率最高的预期效果。(15 分)

评分标准:

1. 测量阻值正确得 3 分。

2. 压缩机的吸气压力值、排气压力值及压缩机运行电流正确得 5 分，其中空调器压缩机吸气压力在 0.4 ~0.55MPa、压缩机运行电流在 2.7 ~3.1A。

3. 以现场参赛设备的空调器蒸发器出风温度从低向高依次得分：7 分、6 分、5 分、4 分、3 分、2 分。

任务 5　按照“中华人民共和国制冷设备维修工职业技能鉴定规范考核大纲”的要求，完成冰箱制冷系统的保压、检漏、抽真空。(10 分)

评分标准：

1. 保压 3 分。

2. 检漏 2 分。

3. 抽真空 3 分。

4. 充注制冷剂 2 分。

任务 6　按照图 7-2 所示的电气接线图，进行冰箱电气线路的连接。通电调试运行冰箱制冷系统，使其在安全、经济的条件下达到耗功最小、效率最高的预期效果。(10 分)

评分标准：

1. 冰箱电线连接正确，得 3 分。

2. 效果良好得 3 分，其中效果良好包括：冰箱压缩机吸气压力在 -0.05 ~ -0.02MPa、冰箱压缩机排气压力在 0.35 ~0.55MPa、冰箱压缩机运行电流在 0.35 ~0.45A。

3. 以现场参赛设备的冰箱冷冻室蒸发器表面温度最低得 4 分，向下依次为 3 分、2 分、1 分、0 分。

任务 7　安全文明。(10 分)

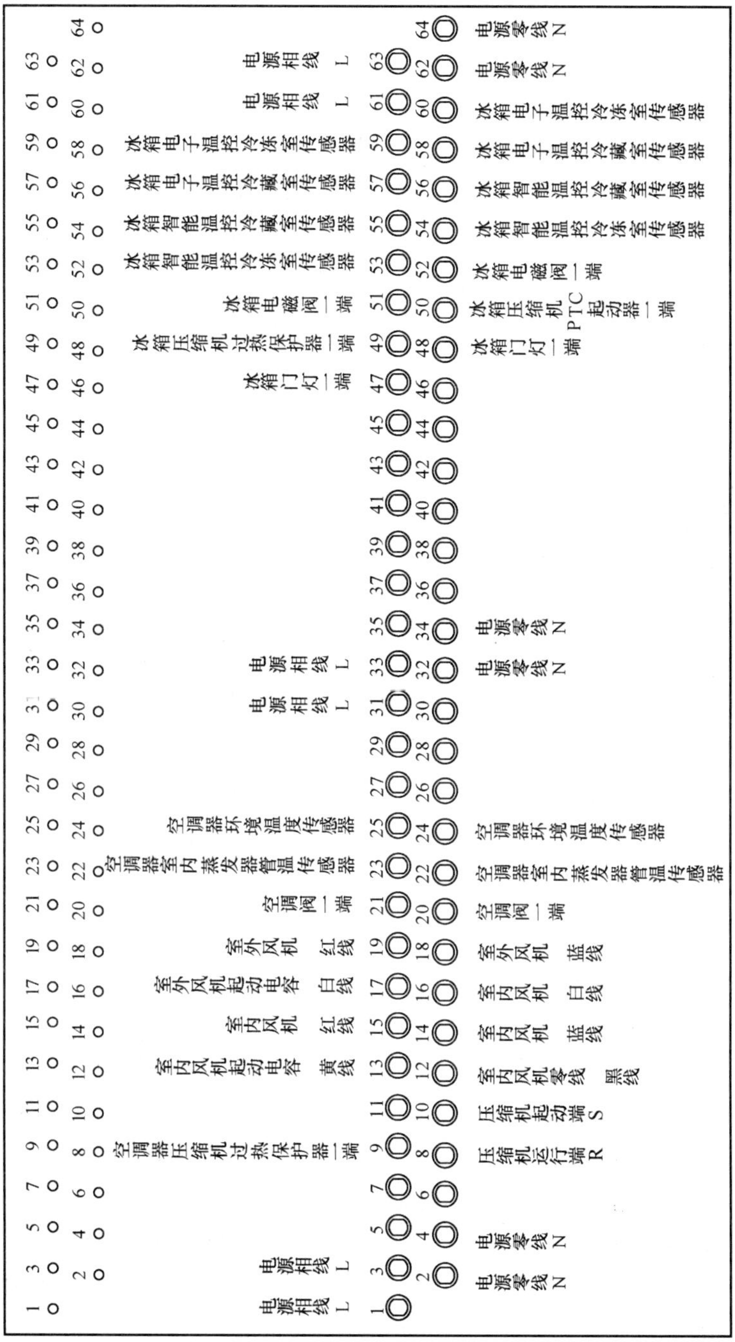

1 电源相线 L
3 电源相线 L
9 空调器压缩机过热保护器一端
13 室内风机起动电容 黄线
15 室内风机 红线
17 室外风机起动电容 白线
19 室外风机 红线
21 空调阀一端
23 空调器室内蒸发器管温传感器
25 空调器环境温度传感器
31 电源相线 L
33 电源相线 L
47 冰箱门灯一端
49 冰箱压缩机过热保护器一端
51 冰箱电磁阀一端
53 冰箱智能温控冷冻室传感器
55 冰箱智能温控冷藏室传感器
57 冰箱电子温控冷藏室传感器
59 冰箱电子温控冷冻室传感器
61 电源相线 L
63 电源相线 L

2 电源零线 N
4 电源零线 N
8 压缩机运行端 R
10 压缩机起动端 S
12 室内风机零线 黑线
14 室内风机 蓝线
16 室内风机 白线
18 室外风机 蓝线
20 空调阀一端
22 空调器室内蒸发器管温传感器
24 空调器环境温度传感器
32 电源零线 N
34 电源零线 N
48 冰箱门灯一端
50 冰箱压缩机 PTC 起动器一端
52 冰箱电磁阀一端
54 冰箱智能温控冷冻室传感器
56 冰箱智能温控冷藏室传感器
58 冰箱电子温控冷藏室传感器
60 冰箱电子温控冷冻室传感器
62 电源零线 N
64 电源零线 N

图 7-2 电气接线图

赛题八　操作技能任务书

一、说明

1. 本任务书的编制是以可行性、技术性和通用性为原则。

2. 本任务书依据全国职业院校技能大赛（中职组）“制冷与空调设备组装与调试”的具体要求与原劳动部、国家贸易部联合颁布的“中华人民共和国制冷设备维修工职业技能鉴定规范考核大纲”（中级）设计编制的。

3. 任务完成总时间为4h。

4. 本任务总分为100分。

二、任务

任务1　专业基础理论。(7分)

1. 逆卡诺循环的制冷系数取决于（　　）。

A. 冷源的温度和压力　　B. 热源的温度和压力

C. 冷源和热源的温度　　D. 冷源和热源的压力

2. 电子式温控器感温元件是（　　）。

A. 感温包　　B. 热敏电阻　　C. 热电偶　　D. 双金属片

3. 冷凝器、蒸发器的英文是（　　）。

A. Refrigerator、Heater

B. Condensator、Evaporator

C. Evaporator、Condensator

D. Capillary Tube、Expansion　Valve

4. 风冷式冷凝器风机不转，使（　　）。

A. 冷凝温度升高，压力升高　　B. 冷凝温度降低，压力升高

C. 冷凝温度不变，压力升高　　D. 冷凝温度、压力都降低

5. 制冷压缩机的气阀有多种形式，簧片阀主要适用于（　　）。

A. 转速较低的制冷压缩机　　B. 大型开启式制冷压缩机

C. 半封闭式制冷压缩机　　D. 小型、高速、全封闭式制冷压缩机

6. 在 $\lg p$-h 图中，等温线在湿蒸气区与（　　）重叠。

A. 等焓线　　B. 等熵线　　C. 等压线　　D. 等比容线

7. 空调器标准工况的蒸发温度是（　　）。

A. 5℃　　B. －5℃　　C. －15℃　　D. －20℃

任务2　专用工具操作。(3分)

将赛场提供的直径为3/8in的铜管，截取长度为150mm。选用专用工具，将其两端分别制成喇叭口和杯形口，并且居中折90°弯，存放在装任务书的档案袋中。

任务3　完成冰箱制冷系统、电气控制系统安装、调试、运行。(30分)

任务3.1　按照赛场提供的THRHZK—1型“现代制冷与空调系统实训装置”（简称“装置”，下同），绘制双门双温电子温度控制的冰箱制冷系统流程图，按照所绘制的流程图自行设计管路组装电冰箱制冷系统。(10分)

具体要求：

1. 绘制双门双温电子温度控制的冰箱制冷系统流程图，并注明四个主要部件的名称及制冷系统中制冷剂的流向。

2. 按照所绘制的制冷系统流程图，以节省铜管为原则，完成冰箱制冷系统管路的设计、制作和组装。

3. 铜管连接要求可靠、美观，且流程与所组装系统实物一一对应。

4. 原“装置”上所拆卸的制冷管路不能使用。

任务3.2　按照“中华人民共和国制冷设备维修工职业技能鉴定规范考核大纲”（简称为“大纲”，下同）的要求，对冰箱制冷系统进行保压检漏。(3分)

具体要求：

1. 在进行保压检漏前，用0.8MPa的氮气对冰箱制冷系统进行吹污。

2. 在冰箱的制冷系统中充入氮气使其压力达到0.8MPa，充注完成后进行保压、检漏并清理检漏部位。自检不漏后申请保压，冰箱的保压时间为30min且需确保时间要求。保压开始及结束时，参赛人员须举手示意，由参赛人员在表8-1中记录保压开始和结束时间（以赛场挂钟时间为准）及实训台上低压表的压力值，并由评委签字确认。保压时间少于30min按评分细则予以扣分。

3. 如果发现有泄漏部分，应重新进行上述操作，直到不漏为止。

任务3.3　按照图8-1所示电气接线图进行冰箱（电子温控式）的电路连接及安装。(5分)

具体要求：

1. 保证用电安全。

2. 利用赛场提供的各种电线和配件，按强电、弱电要求连接冰箱控制系统的电气线路。

3. 所有的电线必须布放在线槽中。与接线排端子连接的电线，要求端子头必须上锡。

表8-1　保压操作记录表

项目名称	次　数	保压开始			保压结束		
		时　间	压力值/MPa	评委确认	时　间	压力值/MPa	评委确认
空调制冷系统的保压检漏	第一次						
	第二次						
	第三次						
冰箱制冷系统的保压检漏	第一次						
	第二次						
	第三次						

注：1. 要求空调系统保压时间不少于20min，冰箱系统保压时间不少于30min。

2. 表中数据用圆珠笔或签字笔填写。

3. 表中数据文字涂改项无效。

任务 3.4　按照“大纲”要求，完成冰箱制冷系统的抽真空及充注制冷剂。(7 分)

具体要求：

1. 冰箱系统抽真空时间不少于 40min 且需保证时间。抽真空开始及结束时，参赛人员须举手示意，由参赛人员在表 8-2 中记录开始及结束的时间（以赛场挂钟时间为准），并记录双表修理阀低压表的压力值，由评委签字确认。抽真空时间少于 40min 按评分细则予以扣分。

2. 按照“大纲”要求充注制冷剂 R600a 后，参赛人员确认不再使用制冷剂 R600a 时须举手示意，持表 8-3 由评委签字确认，并将 R600a 交由赛场工作人员以备称重评分之用。

3. 禁止将制冷系统或制冷剂罐中的制冷剂向赛场排放，如由于操作不当引起向赛场排放制冷剂，则该项不得分。

任务 3.5　通电试运行冰箱制冷系统，使其在安全、经济的条件下达到耗功最小、效率最高的预期效果。(5 分)

表 8-2　抽真空操作记录表

项目名称	次　数	抽真空开始			抽真空结束		
		时　间	真空值/MPa	评委确认	时　间	真空值/MPa	评委确认
空调器系统抽真空	第一次						
	第二次						
	第三次						
冰箱系统抽真空	第一次						
	第二次						
	第三次						

注：1. 要求空调系统抽真空时间不少于 30min，冰箱系统抽真空时间不少于 40min。

2. 表中数据用圆珠笔或签字笔填写。

3. 表中数据文字涂改项无效。

表 8-3　制冷剂领用记录

项目名称	项目内容	冰箱系统(R600a)	评委确认
加注制冷剂	制冷剂罐未加注前重量/g		已经首席评委确认
	制冷剂罐加注完后重量/g		
	制冷剂加注量/g		

具体要求：

1. 冰箱制冷系统自检合格后通电开始前，参赛人员须举手示意，并在表 8-4 中记录运行开始时间，由评委签字确认。在确保用电安全的前提下运行 20min 后，参赛人员须举手示意，并由参赛人员在表 8-4 中记录当前时间及压缩机的吸气压力值、排气压力值及压缩机运行电流表值，由评委签字确认。

2. 确保用电安全。如果发现有不安全因素存在或不当操作仍强行运行冰箱，则本项不得分。

任务 4　完成空调制冷系统、电气控制系统设计、安装、调试和运行。(50 分)

任务 4.1　按照大赛提供的 THRHZK—1 型“现代制冷与空调系统技能实训装置”（简称“装置”，下同），按图 8-2 所绘制的四通电磁换向阀和室内换热器的位置，要求符合家用热泵型分体式空调的结构，在“装置”的平台上，选择大赛提供的管材，经济、合理地

自行设计管路走向，完成空调制冷系统的组装。(28 分)

表 8-4 系统运行调试记录表

项目名称	项目内容	空调系统	评委确认	冰箱系统	评委确认
通电试运行	系统运行开始时间				
	系统运行结束时间				
	压缩机吸气压力值/MPa				
	压缩机排气压力值/MPa				
	压缩机的运行电流/A				

注：1. 要求空调系统、冰箱系统运行 20min 后记录表中数据。
2. 表中数据用圆珠笔或签字笔填写。
3. 表中数据文字涂改项无效。

具体要求：

1. 画出空调制冷系统流程图，并注明五个主要部件的名称及制热时制冷剂流向。

2. 按图 8-2 四通电磁换向阀和室内换热器的位置，拆装定位，定位尺寸误差为 ±3mm。

3. 选择空调器压缩机、室外换热器、空调阀的位置，使之符合家用热泵型分体式空调器的结构，请自行设计管路走向。

4. 按照所绘制的制冷系统流程图，以最省的铜管用量，完成制冷管路的设计制作并进行组装，达到布局合理、连接可靠、美观。

5. 原“装置”上所拆卸的制冷管路不能使用。

任务 4.2　按照“大纲”要求，对新组装的空调制冷系统保压检漏。(3 分)

具体要求：

1. 在进行保压检漏前，用 0.8 ~ 1.0MPa 氮气对空调制冷系统进行分段吹污。

2. 将 1.2MPa 氮气充入空调制冷系统，进行保压检漏。自检不漏后，开始申请保压，保压时间为 20min。保压开始及结束时，参赛人员应举手示意，由参赛人员在表 8-1 中记录实训台上低压表的压力值和保压时间（以赛场挂钟时间为准），并由评委签字确认。保压时间少于 20min，按评分细则予以扣分。

3. 如果发现有泄漏部位，应重新进行上述操作，直到不漏为止。

任务 4.3　按照图 8-1 所示电气接线图进行空调器电路的连接安装。(7 分)

具体要求：

1. 利用大赛提供的各种电线和配件，连接空调系统的电气线路。

2. 根据强、弱信号的特点选择不同的导线进行连接，所有的电线必须布放在线槽内。与接线排端子连接的电线，要求端子头必须上锡。

3. 测量空调器室内风机、压缩机各接线端子电阻值，由参赛人员记录在表 8-5 中，参赛人员应举手示意，并由评委签字确认。

任务 4.4　按照“大纲”要求，完成空调制冷系统抽真空及充注制冷剂。(7 分)

具体要求：

1. 空调制冷系统抽真空时间应确保不少于 30min。抽真空开始及结束时，参赛人员应举手示意，由参赛人员在表 8-2 中记录开始及结束的时间（以赛场挂钟时间为准）和双表修理阀低压表压力值，并由评委签字确认。抽真空时间少于30min，按评分细则予以扣分。

2. 按照“大纲”要求，充注 R22 制冷剂。

3. 禁止将制冷系统或制冷剂钢瓶中的制冷剂向赛场排放，如由于操作不当造成向赛场排放制冷剂，作违规操作处理，本项不得分。

表 8-5　阻值测量记录表

项目名称	测量内容	测量结果/Ω	评委确认
测量空调器室内风机及压缩机各接线端子	室内风机起动端与低速档阻值		
	室内风机起动端与中速档阻值		
	室内风机起动端与高速档阻值		
	空调器压缩机起动绕组阻值		
	空调器压缩机运行绕组阻值		

注：1. 表中数据用圆珠笔或签字笔填写。
2. 表中数据文字涂改项无效。

任务 4.5　通电调试运行空调制冷系统，使其在安全、经济的条件下达到耗功最小、效率最高的预期效果，并测试空调系统其他参数。（5 分）

具体要求：

1. 检查电气系统和连接线路，确保无误。违反安全用电要求本项不得分。

2. 空调制冷系统自检合格后，空调器处于制冷状态，室内风机调至高档送风。通电运行前，参赛人员应举手示意，并在表 8-4 中记录开始运行时间，由评委签字确认；运行20min 后，参赛人员应举手示意，并由参赛人员在表 8-4 中记录当前时间及压缩机的吸气压力值及压缩机的运行电流值，由评委签字确认。

任务 5　职业素质和安全操作。（10 分）

具体要求：

1. 遵守赛场纪律，爱护赛场设备。

2. 工位环境整洁，工具摆放整齐。

3. 具体操作均符合安全操作规程。

4. 不得大声喧哗，对评委、工作人员必须有礼貌。

5. 严重违反赛场纪律者，将取消其比赛资格。

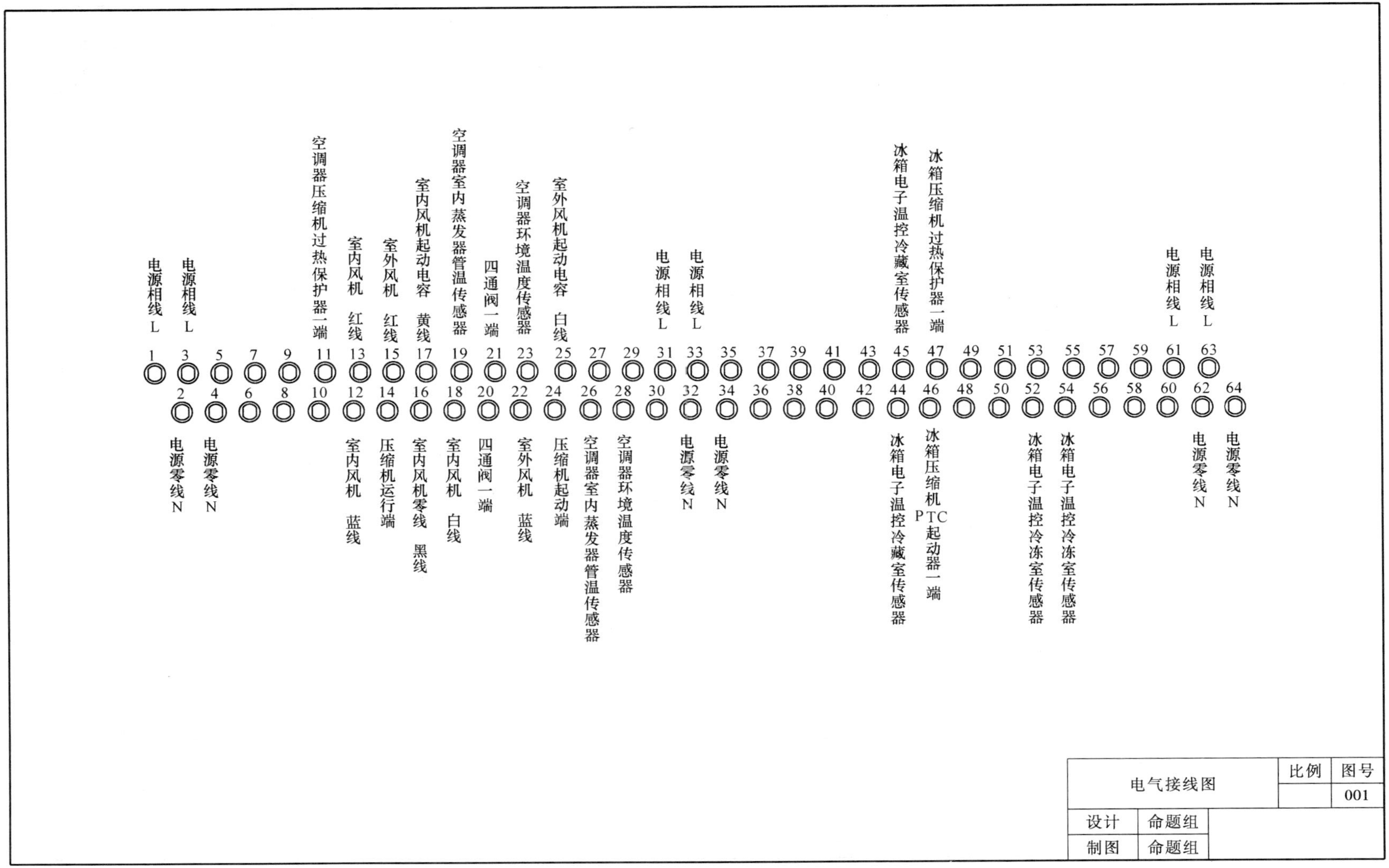

端子号	接线	端子号	接线
1	电源相线 L	2	电源零线 N
3	电源相线 L	4	电源零线 N
5		6	
7		8	
9		10	
11	空调器压缩机过热保护器一端	12	室内风机 蓝线
13	室内风机 红线	14	压缩机运行端
15	室外风机 红线	16	室内风机零线 黑线
17	室内风机起动电容 黄线	18	室内风机 白线
19	空调器室内蒸发器管温传感器	20	四通阀一端
21	四通阀一端	22	室外风机 蓝线
23	空调器环境温度传感器	24	压缩机起动端
25	室外风机起动电容 白线	26	空调器室内蒸发器管温传感器
27		28	空调器环境温度传感器
29		30	
31	电源相线 L	32	电源零线 N
33	电源相线 L	34	电源零线 N
35		36	
37		38	
39		40	
41		42	
43		44	冰箱电子温控冷藏室传感器
45	冰箱电子温控冷藏室传感器	46	冰箱压缩机 PTC 起动器一端
47	冰箱压缩机过热保护器一端	48	
49		50	
51		52	冰箱电子温控冷冻室传感器
53		54	冰箱电子温控冷冻室传感器
55		56	
57		58	
59		60	
61	电源相线 L	62	电源零线 N
63	电源相线 L	64	电源零线 N

电气接线图		比例	图号
			001
设计	命题组		
制图	命题组		

图 8-1 电气接线图

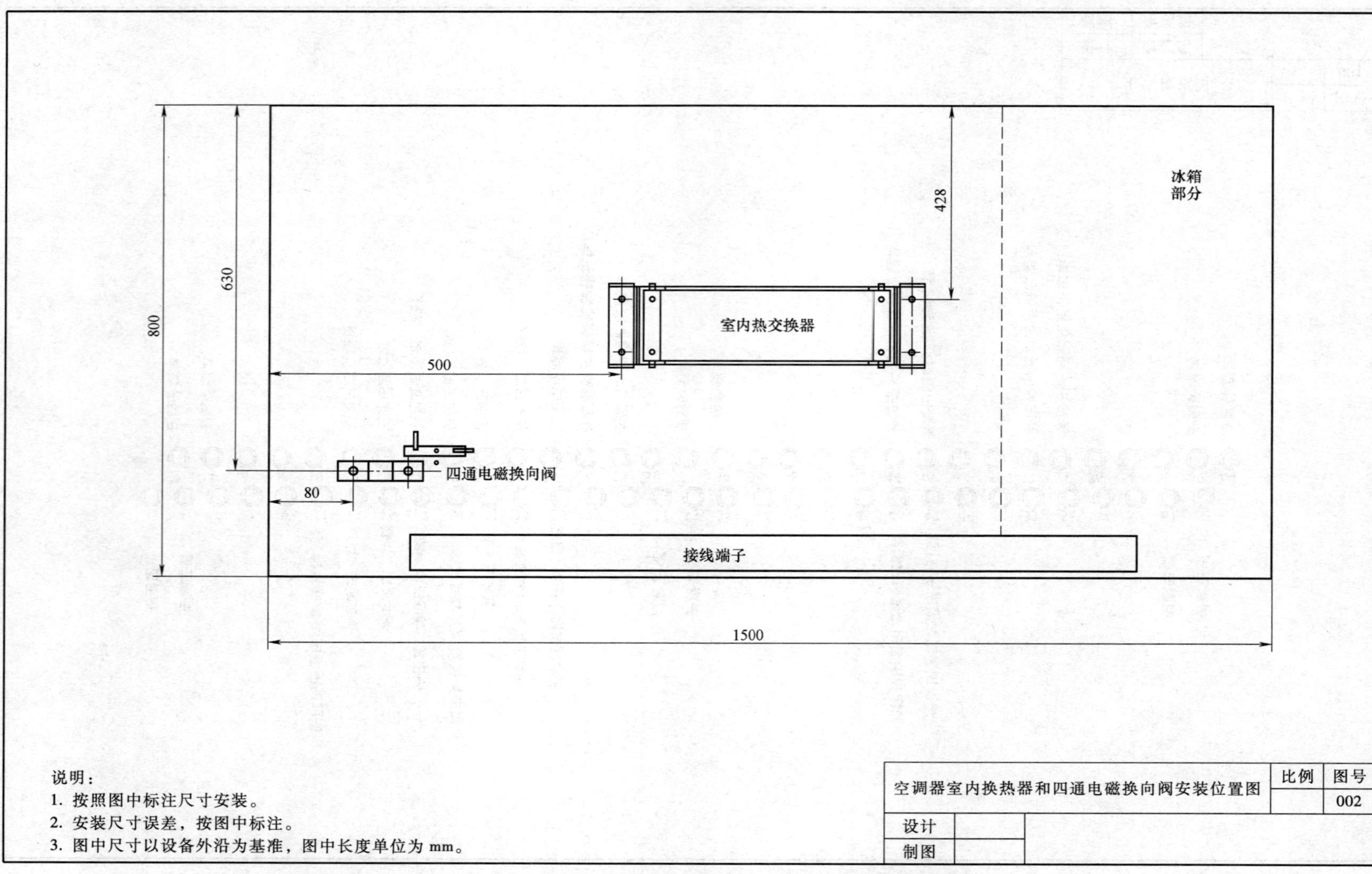

图 8-2　空调器室内换热器和四通电磁换向阀安装位置图

赛题八　评分细则

任务	评分内容	评分要素	配分	评分标准	得分	备注
1	专业基础理论(7分)	共7小题，每空1分	7	1. C　2. B　3. B　4. A　5. D　6. C　7. A		
2	专用工具操作(3分)	用胀管器制作杯形口	1	杯形口无变形、无裂纹、无褶皱且与同管壁外径配合良好得1分;如杯形口有变形、裂纹或褶皱扣0.5分,如与同管壁外径配合不好扣0.5分;损坏制作工具不得分		
		用扩管器制作喇叭口	1	喇叭口圆整、无裂纹、无锐边得1分;如有喇叭口不圆整且有毛刺扣0.5分,如喇叭口有裂纹扣1分;损坏制作工具不得分		
		用弯管器弯制90°弯	1	弯成90°铜管不变形、无裂纹,并与题目符合得1分。两端长度偏差超出10~15mm扣0.5分,超出15mm扣1分;损坏制作工具不得分		
3	冰箱部分(30分)	绘制流程图	2	绘制正确得1分,四个主要部件(压缩机、冷凝器、蒸发器、毛细管(节流装置)的名称标注正确得1分;每错一处(多标正确不加分,多标错误扣分)扣0.5分,错3处不得分		
		管路制作和系统安装	8	制冷管路长短配置合埋得3分、设备安装正确得5分;设备安装尺寸误差超出±3mm扣2分,冰箱管路安装不横平竖直扣2分,管子压扁或扭曲扣1分;损坏工具不得分		
		保压检漏操作	3	冰箱制冷系统吹污、保压、检漏操作正确且所有检漏部位不漏得3分,没有吹污扣1分;保压压力不在0.8MPa±0.02MPa范围内扣2分,保压时间不够扣2分		
		按图8-1进行电路连接与安装	5	压缩机三端测量接线正确得1分,冰箱冷冻室、冷藏室电子传感器的测量、接线正确得1分,挂箱接线正确得1分;电线端头上锡得1分、号码管、绝缘套管选择使用正确得1分;信号线、强电线选择错误扣2分,电线端子头不上锡扣2分		
		抽真空操作充注制冷剂操作	7	冰箱制冷系统一次性完成抽真空得2分 冰箱制冷系统多次完成抽真空得1分 真空度单位符合要求得1分 抽真空时间不足40min扣2分 冰箱制冷系统充注制冷剂量正确得4分,否则不得分(40g±10g)		
		通电运行20min	5	冰箱压缩机吸气压力在-0.05~-0.03MPa范围内得1分,否则不得分 冰箱压缩机排气压力在0.45~0.55MPa范围内得1分,0.55~0.65MPa扣0.5分,超出0.65MPa不得分 冰箱压缩机运行电流在0.45~0.55A范围内得1分,否则不得分 以现场参赛设备的冰箱冷冻室蒸发器表面温度最低得2分,最低温度增高1℃得1.5分,增高3℃得1分，增高4℃以上不得分		

（续）

任务	评分内容	评分要素	配分	评分标准	得分	备注
4	空调器部分（50分）	绘制流程图	2	绘制正确得1分，五个主要部件（压缩机、室内热交换器、室外热交换器、毛细管（节流装置）、空调阀（四通电磁换向阀））的名称及流向标注正确得1分，每错一处（多标正确不加分，多标错误扣分）扣0.5分，错3处不得分		
		按图8-2拆装室内蒸发器、空调阀	3	按图8-2安装定位且尺寸误差在±3mm内得3分，误差在±(3~5)mm内扣1分，超出±5mm扣2分		
		热泵型空调器"设计"	18	符合家用热泵型分体式空调器结构，管路走向、空调阀定位合理得18分，不符合家用分体式空调器结构扣10分		
		管道制作安装工艺	5	管路走向设计合理、管路横平竖直、安装工艺美观、节省铜管得5分，管子压扁或扭曲扣1分，管路不横平竖直扣2分，损坏工具不得分		
		保压检漏操作	3	不进行吹污操作扣1分，空调器保压压力没有控制在1.2MPa±0.05MPa扣1分；保压时间不足扣2分；肥皂水未清理，每处扣0.5分，最多扣2分		
		按图8-1进行电路连线	7	测量空调器室内风机起动端与低速档阻值正确得0.5分，测量空调器室内风机起动端与中速档阻值正确得0.5分，测量空调器室内风机起动端与高速档阻值正确得0.5分；测量空调器压缩机起动绕组阻值正确得0.5分，测量空调器压缩机运行绕组阻值正确得0.5分，挂箱接线正确得1分，电线端头上锡得1分，号码管、绝缘套管使用正确得1分；电线布放线槽内且合理有序、便于检查得0.5分；信号线、强电线选择错误扣2分，电线端子头不上锡扣2分		
		抽真空充注制冷剂操作	7	空调制冷系统一次性完成抽真空得2分 空调制冷系统多次性完成抽真空得1分 真空度单位符合要求得1分 抽真空时间不足30min扣2分 充注制冷剂R22量正确得4分，否则不得分（超出吸气压力0.4~0.5MPa，运行电流范围为2.5~3A）		
		通电运行20min	5	空调器压缩机吸气压力在0.4~0.5MPa范围内得1分，否则不得分 空调器压缩机运行电流在2.5~3.0A范围内得1分，否则不得分 以现场参赛设备的空调器蒸发器出风最低温度得3分，比最低温度高2℃得2分，比最低温度高5℃得1分，比最低温度高6℃以上不得分		
5	职业素质和安全要求（10分）	从大赛开始到结束全过程	10	遵守赛场纪律，爱护赛场设备得2分，有不尊重赛场工作人员现象一次扣2分 大赛结束时，工具摆放整齐，工位环境整洁得2分，工作台表面遗留工具或零星材料扣1分 在操作全过程中，均符合安全操作规程得6分，每违规一项（没有造成事故）扣2分		

违规操作扣分：

1．在完成工作任务过程中，因操作不当导致制冷剂泄漏或熔断器熔断中的一项，扣10分；造成触电或烫伤事故中的一项，扣20分。

2. 因违规操作，损坏赛场设备扣 20 分。

3. 扰乱赛场秩序，干扰评委的正常工作扣 20 分，情节严重者，经首席评委同意，取消参赛资格。

4. 在参赛过程中作弊，经首席评委同意，取消参赛资格。

5. 冰箱提供两套系统毛细管，有电子式和智能式之分，如不按任务 3 要求操作，则任务 3 冰箱部分均不得分。

6. 冰箱、空调系统通电运行未达 20min，该项不得分。

赛题九　操作技能任务书

一、任务描述

“制冷与空调设备组装与调试”技能大赛，依据国家职业资格鉴定“制冷设备维修工”职业（工种）高级工标准，结合“制冷与空调”专业教学实际，以 THRHZK—1 型现代制冷与空调系统技能实训装置为操作平台，设定了制冷与空调设备组装与调试、制冷设备维修工基本技能操作两项竞赛内容。其中制冷与空调设备组装与调试，是完成智能温控型冰箱、热泵型空调器的系统安装与调试，而制冷设备维修工基本技能操作，须按照图纸要求，加工制作铜管，并焊接管路完成工件。

所有任务须在 240min 内完成，请按要求填写数据记录表。

二、竞赛要求

1. 正确使用专用工具，操作安全规范。

2. 部件安装、电路、管路连接、接头处理正确、可靠，符合要求。

3. 爱惜赛场的设备和器材，尽量减少耗材的浪费。

4. 保持工作台及附近区域干净整洁。

5. 操作过程需要记录的数据根据要求须评委确认签字，并且不能更改；无记录、无评委签字或数据被修改，则该操作项不得分。

6. 竞赛过程中如有异议，可向现场评委反映，不得扰乱赛场秩序。

7. 遵守赛场纪律，尊重赛场工作人员，服从指挥。

三、任务

任务 1　冰箱与空调制冷系统设计与安装。(20 分)

参赛队配发统一长度线缆及配件，以 THRHZK—1 型“现代制冷与空调系统技能实训装置”为操作平台，完成以下操作：

1. 绘制智能温控型冰箱制冷系统流程图、热泵型空调器制冷及制热系统流程图；

2. 实训平台上热泵型空调器的压缩机已经就位，选手根据热泵型空调器系统流程图，自行合理安排所缺设备位置、设计管路走向，测量管路所需铜管尺寸。

3. 智能温控型冰箱的部分设备已经就位，选手根据智能温控型冰箱系统流程图，合理设计管路走向，测量管路所需铜管尺寸。

4. 正确选择合适直径铜管及配件，根据测量尺寸，截取铜管进行加工制作，采用焊接或者螺纹连接的方式，完成智能温控型冰箱、热泵型空调制冷系统以及压缩机吸、排气压力表的组装。

任务要求：

1. 空调器安排所缺设备位置时，要求尽量接近实际空调器的布局，高压设备之间、低压设备之间、三通阀和两通阀相对集中。

2. 尽量减少铜管用量及弯头数，管路布局合理、不能相互影响，管路走向平直、美观。

3. 管路与设备连接正确、美观、可靠。

任务2　电气控制系统设计、接线与调试。(20分)

根据智能温控型冰箱、热泵型空调器电气控制原理，进行控制系统安装接线和调试，以实现如下功能：

1. 智能温控型冰箱实现冷藏室、冷冻室温度调节与控制功能，压缩机过热、过电流保护功能，门灯控制功能。

2. 热泵型空调器实现制冷、制热功能，温度调节与控制功能，压缩机过热、过电流保护功能，室内风机高、中、低三档调速功能。

选手完成以下操作：

1. 根据图9-1电气接线图，合理设计线缆走向，选择线缆。

2. 测量、判断、选择、安装电气元件。

3. 根据测量所需线缆长度，剪取合适线径的线缆，并将电气元件及设备接至端子排上，线缆两端均套线号管。

4. 将线缆布放于线槽内，酌情固定，线槽外线缆须套热缩管。

5. 分别测量空调器压缩机绕组阻值、室内风机绕组阻值、冰箱压缩机绕组阻值，填入表9-1。

6. 启动系统试运行，如系统不能启动或有其他故障，自行排查处理，并将排查过程填入表9-2，如无故障，则不填。

任务要求：

1. 通电试运行必须安全操作。

2. 冰箱设置状态：冷藏室温度7℃、变温室温度0℃、速冻功能on（开）、速冻时间2h，智能功能off（关）、假日功能off（关）。

3. 尽量减少线缆等材料的浪费。

4. 相线、零线选用1.0mm^2线缆，控制信号线选用0.5mm^2线缆，设备电源线选用0.75mm^2线缆。

5. 线缆与端子排连接须使用压线帽，线缆对接须焊接，焊接处外套热缩管，且连接点应尽量放在线槽内。

6. 线槽内、外布线平直、美观，线缆两端的线号管要求线号相同、便于识读。

7. 冰箱电气控制系统所有线缆沿线槽右侧（面朝端子排）布放，空调器电气控制系统所有线缆沿线槽左侧（面朝端子排）布放。

8. 调试完成后须实现各项控制功能。

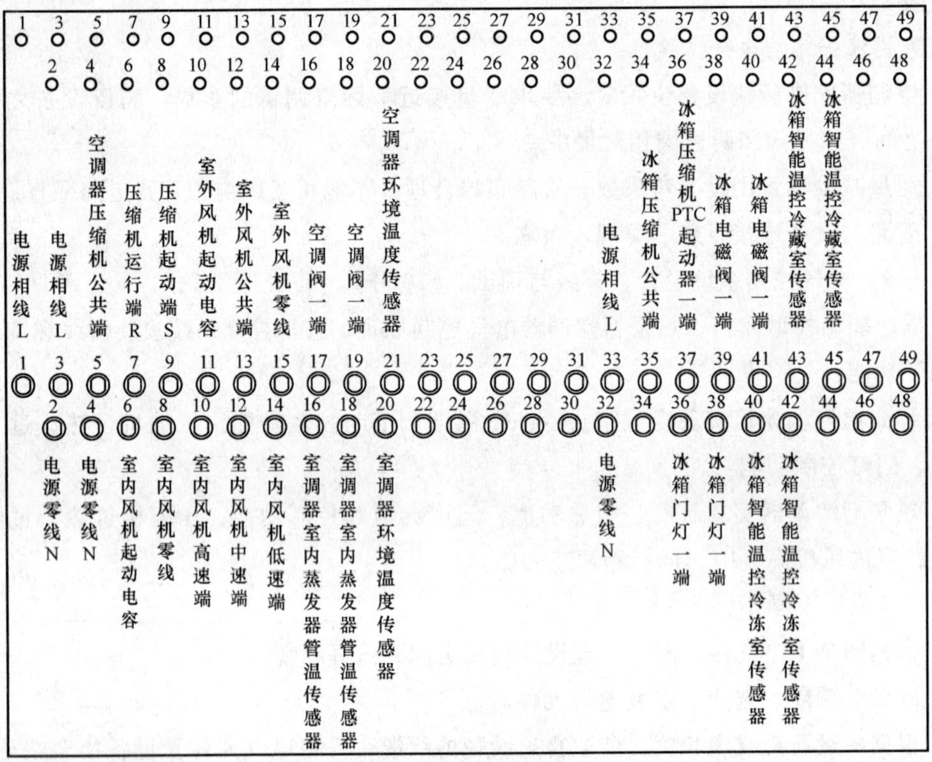

1 3 5 7 9 11 13 15 17 19 21 23 25 27 29 31 33 35 37 39 41 43 45 47 49
2 4 6 8 10 12 14 16 18 20 22 24 26 28 30 32 34 36 38 40 42 44 46 48
电源相线L
电源相线L
空调器压缩机公共端
压缩机运行端R
压缩机起动端S
室外风机起动电容
室外风机公共端
室外风机零线
空调阀一端
空调阀一端
空调器环境温度传感器
电源相线L
冰箱压缩机公共端
冰箱压缩机PTC起动器一端
冰箱电磁阀一端
冰箱电磁阀一端
冰箱智能温控冷藏室传感器
冰箱智能温控冷藏室传感器
1 3 5 7 9 11 13 15 17 19 21 23 25 27 29 31 33 35 37 39 41 43 45 47 49
2 4 6 8 10 12 14 16 18 20 22 24 26 28 30 32 34 36 38 40 42 44 46 48
电源零线N
电源零线N
室内风机起动电容
室内风机零线
室内风机高速端
室内风机中速端
室内风机低速端
室调器室内蒸发器管温传感器
室调器室内蒸发器管温传感器
室调器环境温度传感器
电源零线N
冰箱门灯一端
冰箱门灯一端
冰箱智能温控冷冻室传感器
冰箱智能温控冷冻室传感器

图 9-1 电气接线图

表 9-1 绕组阻值测量记录表

序号	设备	测量对象	阻值/Ω
1	空调器压缩机	起动绕组	
2		运行绕组	
3	室内风机	起动绕组	
4		起动端与低速档	
5		起动端与中速档	
6		起动端与高速档	
7	冰箱压缩机	起动绕组	
8		运行绕组	

表 9-2 故障排除记录表

系统	故障现象	故障原因	故障排除思路及方法
冰箱			
空调器			

任务 3 系统吹污、打压检漏。(10 分)

智能温控型冰箱、热泵型空调制冷系统安装完毕后，按照工艺要求，对系统进行吹污、打压检漏操作：

1. 将氮气与制冷系统作吹污连接。

2. 将氮气调至规定压力对系统进行吹污，直至断定系统干净。

3. 吹污开始后，报请评委验证使用气体压力值，并监督吹污过程，将数值填入表9-3，并与评委同时签字确认。

4. 将氮气瓶与制冷系统作打压检漏连接。

5. 将氮气调至规定压力，对系统进行打压检漏，保压20min后，报请评委验证压力值，将打压压力值填入表9-3，并与评委同时签字确认。

6. 拆除氮气接管。

任务要求：

1. 吹污、打压检漏使用氮气压力符合规范。

2. 吹污、打压管路连接正确。

3. 如需更换器件或需焊接，向评委申请，由评委酌情处理。

表9-3　系统吹污保压操作记录表

系统	吹污压力/MPa	判断吹污是否结束的依据	检漏压力/MPa	保压时间/min	压力回升/MPa
冰箱				开始时间： 结束时间： 用　　时：	
	选手签字：		评委签字：		
空调器				开始时间： 结束时间： 用　　时：	
	选手签字：		评委签字：		

任务4　系统抽真空。(5分)

智能温控型冰箱、热泵型空调制冷系统吹污、检漏之后，进行系统抽真空。完成以下操作：

1. 连接表阀及真空泵。

2. 通电运行真空泵，开始抽空。

3. 持续观察压力表，直至达到真空度要求。

4. 真空泵断电停机，报请评委验证压力值，保压10min后，将真空度值填入表9-4，并再次与评委同时签字确认。

5. 拆除真空泵。

任务要求：

1. 抽真空真空度须达 -0.9bar以下。

2. 保压期间发现压力回升至0.05bar之上，须再次打压检漏以确认原因。

3. 查出原因排除故障后继续抽真空。

表 9-4　系统抽真空操作记录表

	真空度/bar	抽真空用时/min	保压时间/min	压力回升/bar
冰箱		开始时间： 结束时间： 用　　时：	开始时间： 结束时间： 用　　时：	
	选手签字：		评委签字：	
空调器		开始时间： 结束时间： 用　　时：	开始时间： 结束时间： 用　　时：	
	选手签字：		评委签字：	

任务 5　制冷剂充注与系统调试。（15 分）

向抽完真空的智能温控型冰箱、热泵型空调制冷系统内充注适量制冷剂，以实现制冷、制热功能。充注过程须完成以下操作：

1. 向现场评委领取制冷剂钢瓶（罐）并称重，经评委确认后填写表 9-5。

2. 连接制冷系统、表阀、制冷剂钢瓶（罐）。

3. 充注制冷剂，通电试运行，不断观察各项参数和设备运行情况。

4. 运行稳定后，须报请评委确认，测量系统运行电流、吸排气压力值、冷凝器出液管、蒸发器回气管处的温度，如实记录运行参数，正确描述运行状态，根据运行参数和现象正确判断制冷剂充注量是否达到要求。

5. 如判定制冷剂充注量不足或过多，再一次充注或排放部分制冷剂，然后继续运行并观察，并将运行调试内容填入表 9-6，直至判定制冷剂充注适量。

6. 制冷剂钢瓶（罐）称重，报请评委确认后，计算制冷剂使用量填写表 9-5，并与评委同时签字确认。

7. 完成调试，向评委报告结束时间，并与评委同时签字确认。

任务要求：

1. 制冷剂选择正确。

2. 制冷剂充注适量。

3. 首次充注不应充满或过量，首次充注完毕后，应运行系统观察各参数，然后逐步补加，直至运行参数达到要求，应避免制冷剂向赛场排放。

4. 各项参数值、运行情况及结论，须在评委监督下记录。

5. 冰箱运行电流达 0.5 ~ 0.6A；吸气绝对压力达 0.4 ~ 0.6bar；排气绝对压力达3.2 ~ 4.2bar。

6. 空调器运行电流达 1.9 ~ 2.5A；吸气绝对压力达 3.0 ~ 4.0bar；排气绝对压力达10 ~ 14bar。

表 9-5 制冷剂领用记录表

R600a 压力罐重量/g			R22 钢瓶重量/g		
充注前	调试结束	实际用量	充注前	调试结束	实际用量
选手签字			评委签字		

表 9-6 系统运行调试记录表

系统	充注过程	运行电流/A	吸气压力/bar	排气压力/bar	冷凝器出液温度/℃	蒸发器回气温度/℃	结论
冰箱	第一次						
	第二次						
	第三次						
空调器	第一次						
	第二次						
	第三次						

任务 6 造型工件制作。(20 分)

每组配发统一长度直径为 3/8in (1in = 0.0254m)、1/4in 的铜管、ϕ3mm 的毛细管。参赛选手根据图 9-2 及图 9-3，利用割刀、扩管器、倒角器、弯管器、便携式焊炬等工具及设备，制作工件，完成以下操作：

1. 正确识图。
2. 截取铜管及毛细管。
3. 制作工件一。
4. 选用辅件，规范安全地使用便携式焊炬完成工件二。
5. 工件二制作完成后，充入 2bar 氮气保压。

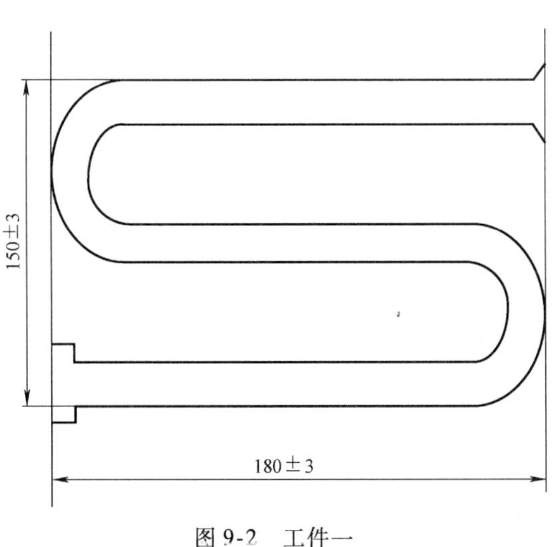

图 9-2 工件一

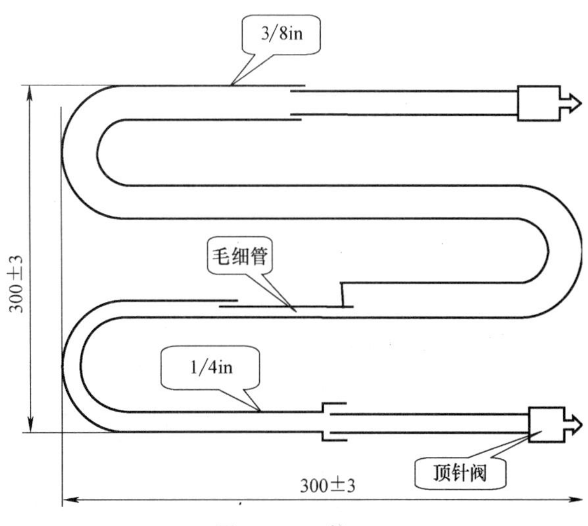

图 9-3 工件二

任务要求：

1. 铜管及管口加工后须平整、光滑，不得有毛刺、裂纹或破口。

2. 焊接处要求圆滑、焊接可靠，不能有焊疤和焊孔。

3. 误差按图（表）中标注要求。

4. 铜管应节省使用。如所配发铜管或毛细管已用完，可以向评委申请领取，但会被扣分。

四、职业素养与安全意识（10分）

评分要求：

1. 完成竞赛任务所有操作且符合安全操作规范。

2. 操作台、工作台表面整洁，工具摆放、材料、废料等处理符合职业岗位要求。

3. 遵守赛场纪律，尊重赛场工作人员。

4. 爱惜赛场设备、器材。

五、违规扣分

选手有下列情形，需从竞赛成绩中扣分：

1. 在完成竞赛过程中，因操作不当导致事故，视情节扣10~20分，情况严重者取消比赛资格。

2. 出现违规操作损坏赛场提供的设备、污染赛场环境等不符合职业规范的行为，视情节扣5~10分。

3. 扰乱赛场秩序，干扰评委工作，视情节扣5~10分，情节严重者取消竞赛资格。

六、结束时间记录

选手完成智能温控型冰箱及热泵型空调器组装、调试任务，完成工件制作任务，并整理台面和现场之后，方能报请评委记录完成时间；参赛选手与评委共同确认时间后，由评委将完成时间填入首页标题下方。

赛题九　评 分 细 则

任务	评分点	配分	评 分 标 准
1	制冷系统管路设计	12	四通阀错接，扣2分 两位三通阀错接，扣2分 管路过长，酌情扣1~3分 系统流程图画错，每个扣2分 系统中每错接一个设备，扣1分 弯头过多，每多一个弯头扣1分 管路布置拥挤、不美观，酌情扣1~3分 室内环境温度传感器未放在回风口，扣1分 高、低压设备不在一侧或三通阀与两通阀不平直，各扣2分 该项最多扣12分
	制冷系统管路制作与安装	8	未套保温管，扣2分 未接凝结水管，扣2分 设备安装不稳定，扣2分 只完成一个系统，扣4分 管路不平直，每根扣1分 阀门堵头螺母未拧，扣1分 铜管用量超过配给量，扣2分 弯头不足或超过90°，每个扣1分 安装过程中，损坏一个设备或部件，扣2分 焊接处不圆滑、铜管压扁或扭曲变形，每处扣1分 该项最多扣8分
2	电气控制系统接线	10	只完成一个系统，扣5分 线缆用量超过配给量，扣2分 线缆走向未按题目要求，扣2分 线槽外线缆未套管，每根扣1分 操作不当损坏器件，每个扣3分 线槽内布线散乱，酌情扣1~3分 接线未按题中端子号要求接，扣2分 线缆接头未焊接或未套管，每处扣1分 未能完成布线，每漏接一个器件扣1分 缺少线号管、未用压线帽或连接不安全可靠，每处扣1分 该项最多扣10分
	电气控制系统调试	10	只完成一个系统，扣5分 绕组阻值测量值错误，每个扣1分 控制功能及要求没有全部实现，每缺一项扣1分 出现故障后，原因分析、故障排除思路与方法错误，扣2分 调试过程损坏器件或因事先未能正确判断器件，每个扣1分 该项最多扣10分
3	系统吹污	5	使用制冷剂吹污，扣5分 毛细管未能断开，扣2分 未进行吹污操作，每个系统扣3分 不能正确判断吹污是否达到要求，扣2分 冰箱吹污压力没有控制在0.5~0.6MPa范围内，扣2分 空调器吹污压力没有控制在0.8~1.0MPa范围内，扣2分 该项最多扣5分

（续）

任务	评分点	配分	评 分 标 准
3	打压 检漏	5	有一处泄漏，扣1分 管路错接一处，扣1分 保压时间不足，扣3分 如有漏检，每漏检一处，扣1分 未进行打压检漏，每个系统扣3分 冰箱打压压力没有控制在0.78～0.98MPa范围之内，扣2分 空调器打压压力没有控制在1.1～1.25MPa范围之内，扣2分 该项最多扣5分
4	系统 抽真空	5	保压时间不足，扣2分 管路每错接一处，扣2分 真空度不达要求，扣3分 未进行抽真空操作，扣5分 不能分析真空度不达要求原因，不能确认故障点，扣3分 该项最多扣5分
5	制冷剂充注	5	管路错接一处，扣2分 制冷剂选择错误，扣5分 充注过程中、结束后拆管造成大量泄漏，扣3分 该项最多扣5分
	系统 调试	10	制冷剂充注过量或不足，扣3分 不能正确分析调试过程，扣5分 充注过程中，每检出一处泄漏，扣2分 运行电流、吸气压力、排气压力不能达到题目要求，每个扣2分 该项最多扣10分
6	规定工件制作	20	出现死弯，扣8分 铜管每废弃一根，扣4分 铜管用量超过配给量，扣5分 杯形口不圆整或破裂，扣5分 误差未达标，每根管扣2分 焊接点有焊疤或焊料不足，每点扣1分 焊接阀门时，未采用降温措施，扣3分 弯头不圆整、变形，每个弯头扣4分 喇叭口不圆整、有毛刺，每处扣4分 工件未能制作完成，每缺一个部件扣5分 焊接处泄漏、铜管压扁或扭曲变形，每处扣4分 此项最多扣20分
	职业素养与 安全意识	10	违规操作一次，扣5分 违反竞赛规则一次，扣5分 完成任务未能清理场地，扣3分 操作不当损坏工具一把，扣5分 工作台表面遗留器件一个，扣2分 操作结束工具未能整齐摆放，扣5分 工作台表面遗留工具一把（套），扣3分 工作台表面遗留线缆、管材一根，扣2分 有不尊重赛场工作人员行为一次，扣5分 该项最多扣10分

违规扣分项

扣分点	扣 分 标 准				
事故或严重违纪	在完成竞赛过程中，因操作不当导致事故，视情节扣 10 ~ 20 分，情况严重者取消比赛资格				
	因违规操作损坏赛场提供的设备，污染赛场环境等不符合职业规范的行为，视情节扣 5 ~ 10 分				
	扰乱赛场秩序，干扰评委工作，视情节扣 5 ~ 10 分，情节严重者取消竞赛资格				
	竞赛过程中，指导老师违规指导学生，视情节扣 5 ~ 10 分，情节严重者取消竞赛资格				
评委		日期		扣分合计	

赛题十　操作技能任务书

一、说明

1. 本任务书的编制是以可行性、技术性和通用性为原则。

2. 本任务书依据全国职业院校技能大赛“制冷与空调设备组装与调试”的具体工作要求和原劳动部、国家贸易部联合颁布的“中华人民共和国制冷设备维修工职业技能鉴定规范考核大纲”（中级工）设计编制的。

3. 任务完成总时间为4h。

4. 任务完成总分为100分。

二、任务

任务1　专用工具的使用。(10分)

选取专用工具，按图10-1和表10-1下料并焊接。

具体要求：

1. 按规定下料，下错料任务1得0分。
2. 焊接后总长度260mm ±5mm。
3. 焊接火焰采用中性焰，采用其他火焰焊接任务1得0分，焊接时不得冒烟、鸣炮。
4. 焊接质量要求不漏、不堵、母料不熔化。只要出现其中一种情况，任务1得0分。
5. 外观焊口光滑、平整、完满。
6. 喇叭口和杯形口制作圆整光滑、不偏心、不卷边、不开裂、无毛刺、大小合适。
7. 操作过程中，要求选手穿劳保鞋。
8. 操作完成后，在工件上贴上标签，写上工位号，装在档案袋中。

特别注意：

在焊接竞赛过程中，如出现以下违反安全操作规程之一者，则取消焊接比赛资格：

1. 操作过程中，焊炬火焰烧坏设备的。
2. 操作过程中，焊炬火焰对人员造成伤害的。
3. 操作过程中，由于操作不当造成重大事故的。

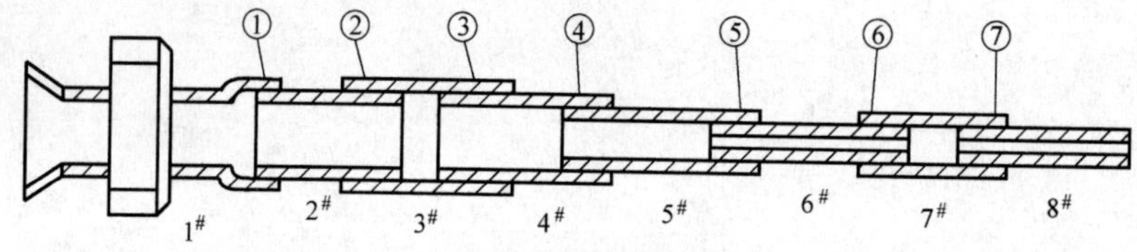

图10-1　管道加工

表 10-1　材料下料及焊接工艺要求

管道及焊口编号	长度/mm	数量	焊接方式	使用焊料	备注
1#:φ6mm 铜管	60	1			两端分别制喇叭口、杯形口
2#、4#:φ6mm 铜管	40	2			
3#:φ8mm 铜管	40	1			
5#、7#:φ4mm 铁管	40	2			
6#、8#:φ2mm 毛细管	40	2			
①、③焊口			立焊	铜	
②焊口			倒焊	铜	
④、⑤焊口			斜焊	铜	
⑥、⑦焊口			平焊	铜	

任务 2　组装冰箱和空调制冷系统。(20 分)

按照大赛提供的 THRHZK—1 型“现代制冷与空调系统技能实训装置”（简称“装置”，下同），绘制冰箱和空调制冷系统流程图，并截取相应长度的铜管，制作喇叭口，组装智能温控型冰箱和热泵型空调制冷系统，按图 10-2 将各部件安装到位。

具体要求：

1. 赛场提供的部件有合格、不合格两种，选择合格的部件进行连接。

2. 按照图 10-2 中部件位置的要求，将空调器和冰箱制冷系统部件安装到位，安装位置尺寸允许误差为 ±3mm。

3. 按照“装置”要求，以节省铜管为原则，完成制冷管路的设计与制作，并组装冰箱和空调制冷系统，要求布局合理，连接可靠、美观。完成后将剩余的铜管贴上标签，写上工位号，整理好放在工作台面右侧。

4. 按组装好的空调制冷系统，绘制其流程图，并注明制冷系统四大主要部件的名称，用箭头标注制冷时制冷剂的流向（参考答案见附件）。

5. 绘制四通电磁换向阀结构示意图，并简要说明其工作原理（参考答案见附件）。

任务 3　制冷系统保压和检漏。(10 分)

按照“中华人民共和国制冷设备维修工职业技能鉴定规范考核大纲”（简称为“大纲”，下同）的要求，完成冰箱和空调制冷系统的保压检漏。

具体要求：

1. 在进行保压检漏前，用氮气对冰箱、空调制冷系统进行吹污。

2. 将 0.8MPa 氮气充入冰箱制冷系统，将 1.2MPa 氮气充入空调制冷系统，进行保压检漏并清理检漏部位，自检不漏后，开始申请保压，空调器的保压时间为 20min，冰箱的保压时间为 30min，保压开始及结束时，参赛人员应举手示意，由参赛人员在表 10-2 中记录“装置”上低压表的压力值和保压时间（以赛场挂钟时间为准），并由评委签字确认。

3. 如果发现有泄漏部位，应重新进行上述操作，直到不漏为止。

表 10-2　保压操作记录表

项目名称	次　数	保压开始			保压结束		
		时 间	压力值/MPa	评委确认	时 间	压力值/MPa	评委确认
空调制冷系统的保压检漏	第一次						
	第二次						
冰箱制冷系统的保压检漏	第一次						
	第二次						

注：1. 要求空调系统保压时间不少于20min，冰箱系统保压时间不少于30min。
2. 表中数据用圆珠笔或签字笔填写。
3. 表中数据文字涂改项无效。

任务4　电气控制系统电路连接。(20分)

按照图10-3电气接线图进行空调器、冰箱的电路连接。

具体要求：

1. 赛场提供的各种电线和配件，按强电、弱电要求进行分类，并按任务要求测量所需电线长度的电线，套上相对应的号码管，连接到端子排上。

2. 将电线布放在线槽内，加套管并焊接。将剩余的电线贴上标签，写上工位号，放在工作台面中间。

3. 判断空调器室内风机与压缩机各接线端子，由参赛人员在表10-3中记录测量数据。

4. 对赛场提供的好、坏元器件进行检测，并选择好的元器件进行连接。

5. 在日常生活中，客人住宾馆时，经常出现一种现象：将空调器调到制冷状态，温度调到16℃，然后盖被子睡觉。请根据本装置中提供的3470—5K热敏电阻的温度特性，在不影响客人正常使用遥控器的情况下，试设计一个电路，在检测室温达到24℃时通过控制电路自动断开压缩机回路。要求画出电路原理图并分析其工作原理，分析宾馆和客人各有什么好处，并将答题填写到答题纸上（3470—5K热敏电阻参数值：$t=16℃$时，$R_{16}=7.18\text{k}\Omega$；$t=24℃$时，$R_{24}=5.19\text{k}\Omega$）（参考答案见附件）。

表 10-3　阻值测量记录表

项目名称	测量内容	测量结果/Ω	评 委 确 认
判断空调器室内机及压缩机各接线端子并测量阻值	室内风机运行端与低速档间阻值 R_{41}		
	室内风机运行端与中速档间阻值 R_{42}		
	室内风机运行端与高速档间阻值 R_{43}		
	空调器压缩机起动绕组阻值 R_{44}		
	空调器压缩机运行绕组阻值 R_{45}		

注：1. 表中数据用圆珠笔或签字笔填写。
2. 表中数据文字涂改项无效。

任务5　制冷系统抽真空及充注制冷剂。(10分)

按照“大纲”要求，完成冰箱和空调制冷系统的抽真空及充注制冷剂。

具体要求：

1. 冰箱制冷系统抽真空时间不少于40min，空调制冷系统抽真空时间不少于30min，抽真空开始及结束，参赛人员应举手示意，由参赛人员在表10-4中记录开始及结束的时间

（以赛场挂钟时间为准）和双表修理阀低压表的压力值，并由评委签字确认。

2. 参赛人员凭评委签字确认后的表 10-5，由评委带领到指定位置领取已称过重量的制冷剂 R600a（HC-600a）罐。

3. 充注制冷剂 R600a（HC-600a）后，参赛人员确认不再使用制冷剂 R600a（HC-600a）时，应举手示意并持表 10-5，由评委带领将 R600a（HC-600a）制冷剂罐送至指定位置称重并由评委确认后归还。

4. 禁止将制冷系统或制冷剂罐中的制冷剂向赛场排放，如由于操作不当引起向赛场排放制冷剂，任务 5 不得分。

表 10-4 抽真空操作记录表

项目名称	次　数	抽真空开始			抽真空结束		
		时 间	真空度/MPa	评委确认	时 间	真空度/MPa	评委确认
空调系统抽真空	第一次						
	第二次						
冰箱系统抽真空	第一次						
	第二次						

注：1. 要求空调系统抽真空时间不少于 30min，冰箱系统抽真空时间不少于 40min。
2. 表中数据用圆珠笔或签字笔填写。
3. 表中数据文字涂改项无效。

表 10-5 制冷剂领取记录

项目名称	项目内容	冰箱系统(R600a)	评委确认
充注制冷剂	制冷剂罐未充注前重量/g		已经首席评委确认
	制冷剂罐充注完后重量/g		
	制冷剂加注量/g		

任务 6　系统通电运行并调试。(20 分)

通电运行并调试冰箱和空调制冷系统，使其在安全、经济的条件下达到耗功最小、效率最高的预期效果。

具体要求：

1. 冰箱设置状态：冷藏室温度 2℃；冷冻室温度 −24℃；变温室温度 0℃；速冻功能 off（关）；智能功能 off（关）；假日功能 on（开）。

2. 冰箱制冷系统自检合格后，按上述要求设置并启动冰箱系统。通电开始前，参赛人员应举手示意，并在表 10-6 中记录运行开始时间，由评委签字确认；运行 20min 后，参赛人员应举手示意，并由参赛人员在表 10-6 中记录当前时间及压缩机的吸气压力值、排气压力值及压缩机的运行电流值，由评委签字确认。

3. 空调制冷系统自检合格后，将空调器调至制冷状态，室内风机调至中速档。通电开始前，参赛人员应举手示意，并在表 10-6 中记录运行开始时间，由评委签字确认；运行 20min 后，参赛人员应举手示意，并由参赛人员在表 10-6 中记录当前时间及压缩机的吸气压力值、排气压力值及压缩机的运行电流值，由评委签字确认。

4. 将任务书及评分记录表整理好，放入档案袋，摆放在工作台面左侧。

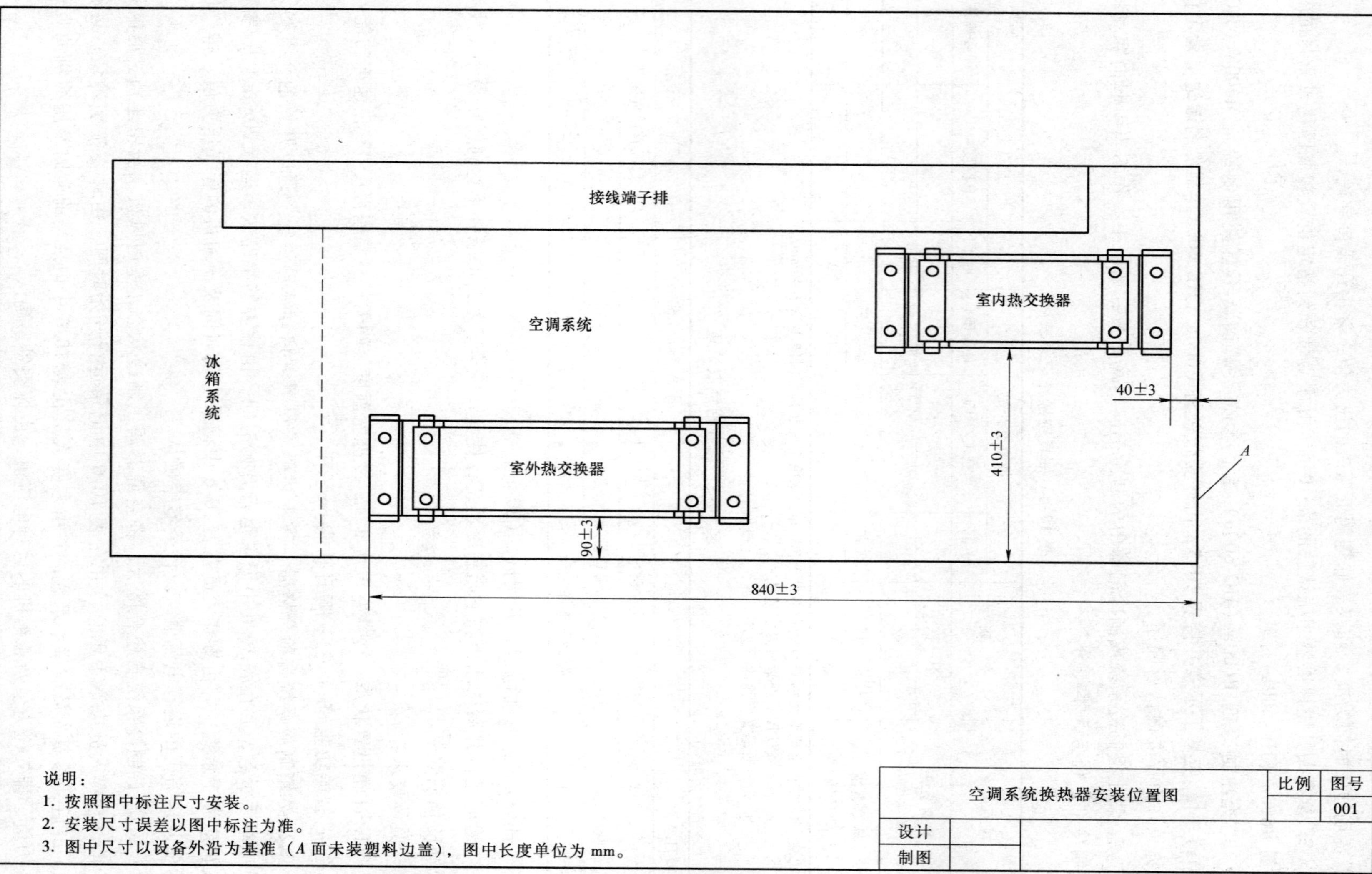

图 10-2　空调系统换热器安装位置图

端子	标注
1	电源相线L
3	电源相线L
7	空调器压缩机过热保护器一端
11	空调四通阀一端
13	室外风机 红线
15	室外风机起动电容 白线
17	室内风机 白线
19	室内风机起动电容 黄线
23	空调器室内蒸发器管温传感器
25	空调器环境温度传感器
31	电源相线L
33	电源相线L
45	冰箱电磁阀一端
47	冰箱压缩机过热保护器一端
49	冰箱门灯一端
53	冰箱智能温控冷冻室传感器
55	冰箱智能温控冷藏室传感器
57	冰箱电子温控冷藏室传感器
59	冰箱电子温控冷冻室传感器
61	电源相线L
63	电源相线L

端子	标注
2	电源零线N
4	电源零线N
6	室外风机 蓝线
8	压缩机运行端
10	空调四通阀一端
12	室内风机 红线
14	压缩机起动端
16	室内风机 蓝线
18	室内风机零线 黑线
22	空调器室内蒸发器管温传感器
24	空调器环境温度传感器
32	电源零线N
34	电源零线N
46	冰箱压缩机PTC起动器一端
48	冰箱电磁阀一端
50	冰箱门灯一端
54	冰箱智能温控冷冻室传感器
56	冰箱智能温控冷藏室传感器
58	冰箱电子温控冷藏室传感器
60	冰箱电子温控冷冻室传感器
62	电源零线N
64	电源零线N

图 10-3 电气接线图

表 10-6　运行调试记录表

项目名称	项目内容	空调系统	评委确认	冰箱系统	评委确认
通电试运行	系统运行开始时间				
	系统运行结束时间				
	压缩机吸气压力值/MPa				
	压缩机排气压力值/MPa				
	压缩机的运行电流/A				
	运行温度值/℃				

注：1. 要求空调系统运行 20min 后记录表中数据，冰箱系统运行 20min 后记录表中数据。
2. 表中数据用圆珠笔或签字笔填写。
3. 表中数据文字涂改项无效。

任务 7　职业素质和安全操作。(10 分)

具体要求：

1. 遵守赛场纪律，爱护赛场设备。
2. 工位环境整洁，工具摆放整齐。
3. 具体操作均符合安全操作规程。

赛题十　评 分 细 则

<table>
<tr><th>任务</th><th>评分内容</th><th>评分要素</th><th>配分</th><th>评分标准</th><th>备注</th></tr>
<tr><td rowspan="8">1</td><td rowspan="8">专用工具的使用(10 分)</td><td>下料长度</td><td>2</td><td>按规定下料得 2 分,有一处下错料任务 1 得 0 分;每长或短 5mm 扣 0.5 分,扣完本项分为止</td><td rowspan="8">本表中各得分,均指在完成任务 1 所有操作且无导致任务 1 得 0 分操作的条件下给定的,如没完成所有操作或导致任务 1 得 0 分的操作,则任务 1 得 0 分,其他操作不再计分</td></tr>
<tr><td>焊接后总长度</td><td>1</td><td>理论长度 260mm ± 5mm,每长或短 5mm 扣 0.3 分;超过 260mm ±20mm 者任务 1 得 0 分</td></tr>
<tr><td>焊接火焰</td><td>1</td><td>要求使用中性焰,鸣炮每次扣 0.3 分;冒浓烟 1 次、鸣炮超过 3 次本项得 0 分;使用其他火焰焊接,任务 1 得 0 分</td></tr>
<tr><td>焊接质量</td><td>2</td><td>不漏、不堵、母料不熔化,出现其中一项任务 1 得 0 分</td></tr>
<tr><td>外观</td><td>1</td><td>焊口光滑、平整、完满,每处不达标扣 0.3 分,扣完本项分为止</td></tr>
<tr><td>喇叭口制作杯形口制作</td><td>1</td><td>圆整光滑、不偏心、不卷边、不开裂、无毛刺、大小合适,每处不达标扣 0.3 分,扣完本项分为止</td></tr>
<tr><td>焊接方式</td><td>1</td><td>只要有一处未按规定焊接方式焊接,本项不得分</td></tr>
<tr><td>其他</td><td>1</td><td>穿劳保鞋者本项得 1 分,否则得 0 分</td></tr>
<tr><td rowspan="4">2</td><td rowspan="4">组装冰箱和空调制冷系统(20 分)</td><td>选择完好的部件</td><td>3</td><td>电磁四通阀、空调器毛细管组件、冰箱毛细管组件选择正确各得 1 分</td><td></td></tr>
<tr><td>制冷管路制作和组装制冷系统</td><td>10</td><td>设备安装尺寸未超出 ±3mm 得 2 分;管路安装横平竖直得 5 分;管子未压扁或扭曲得 1 分;在完成管路制作条件下,有剩余铜管得 2 分(按使用量少者前 3 名得 2 分,4 ~ 10 名得 1 分,11 ~ 22 名不得分,未贴标签者按剩余 0 处理);设备位置关系不符合图样要求或损坏工具本项得 0 分</td><td></td></tr>
<tr><td>绘制空调制冷系统流程图,并注明制冷系统四大主要部件的名称,用箭头标注制冷时制冷剂流向</td><td>4</td><td>绘制正确得 2 分,四大主要部件的名称标注正确得 1 分,用箭头标注制冷时制冷剂的流向得 1 分;每错一处扣 0.5 分,错 3 处及以上不得分</td><td></td></tr>
<tr><td>绘制四通电磁换向阀结构示意图,说明其工作原理</td><td>3</td><td>四通电磁换向阀结构图绘制正确得 2 分,工作原理叙述正确得 1 分</td><td></td></tr>
<tr><td>3</td><td>制冷系统保压和检漏(10 分)</td><td>使用专用充氮管路向制冷系统保压,用自制肥皂水检漏</td><td>10</td><td>吹污操作得 2 分,冰箱保压压力控制在 0.8MPa ±0.02MPa 得 2 分,空调器保压压力控制在 1.2MPa ± 0.05MPa 得 2 分;冰箱保压时间足够得 2 分,空调器保压时间足够得 2 分;压力值下降扣 2 分;肥皂水未清理扣 2 分</td><td></td></tr>
</table>

（续）

任务	评分内容	评分要素	配分	评分标准	备注
4	电气控制系统电路连接（20分）	根据大赛提供的电线和配件按任务4进行选择和连接。测量空调器室内风机与压缩机各接线端的电阻值	14	冰箱电路连接完整得5分；空调器电路连接完整得5分（电路连接不完整相应电路连接不得分）；在完成电路连接条件下，有剩余电线得2分（按剩余量多者前3名得2分，4～10名得1分，11～22名不得分，未贴标签者按剩余0处理）；电阻值测量得2分；电阻值大小关系有1处不正确电阻值测量项得0分；在满足大小关系前提下电阻值超出范围每处扣0.5分，且$R_{41}>R_{42}>R_{43}$，$R_{44}>R_{45}$（$R_{41}=1540\sim1800\Omega$，$R_{42}=1300\sim1510\Omega$，$R_{43}=1050\sim1200\Omega$，$R_{44}=10\sim15\Omega$，$R_{45}=5.5\sim8\Omega$）	
		空调器创新举措	6	画出电路原理图得2分，分析其工作原理得2分，分析宾馆和客人利益各得1分	
5	制冷系统抽真空及充注制冷剂（10分）	冰箱制冷系统抽真空40min 空调制冷系统抽真空30min 冰箱、空调制冷系统充注制冷剂	10	冰箱占5分： 冰箱制冷系统抽真空时间不足扣2分 冰箱制冷系统抽真空重做1次扣3分 冰箱制冷系统加注制冷剂量超出40g±10g，扣4分 空调器占5分： 空调制冷系统抽真空时间不足扣2分 空调制冷系统抽真空重做1次4分	
6	系统通电运行并调试（20分）	系统起动运行，实现各种控制功能	20	冰箱占10分： 冰箱压缩机吸气压力在-0.04～-0.02MPa范围内得2分，否则不得分 冰箱压缩机排气压力在0.35～0.6MPa范围内得2分，否则不得分 冰箱压缩机运行电流在0.45～0.5A范围内得2分，否则不得分 以现场冰箱冷冻室表面温度最低得4分，比最低温度高1℃得2分，比最低温度高3℃得1分，比最低温度高4℃及以上不得分 空调器占10分： 空调器压缩机吸气压力在0.35～0.6MPa范围内得2分，否则不得分 空调器压缩机运行电流在2.65～3.0A范围内得2分，否则不得分 以现场空调器蒸发器出风温度最低得6分，比最低温度高2℃得4分，比最低温度高5℃得2分，比最低温度高6℃及以上不得分	
7	职业素质和安全操作（10分）	从大赛开始到结束全过程	10	遵守赛场纪律，爱护赛场设备得2分，有不尊重赛场工作人员行为一次扣2分。大赛结束时，工具摆放整齐，工位环境整洁得2分，工作台表面遗留工具或零星材料扣1分。在操作全过程中，均符合安全操作规程得6分，每违规一项（没有造成事故）扣2分	

其他违规扣分：

1. 在完成工作任务过程中，因操作不当导致制冷剂泄漏或熔断器熔断，出现其中一项扣10分。造成触电或烫伤事故中的一项扣20分。

2. 因违规操作，损坏赛场设备扣20分。

3. 扰乱赛场秩序，干扰赛场工作人员的正常工作扣 20 分，情节严重者，经首席评委同意，取消参赛资格。

4. 在参赛过程中作弊，经首席评委同意，取消参赛资格。

5. 冰箱提供两套系统毛细管，有电子式和智能式之分，如不按任务书要求操作，任务 2 以下冰箱部分均不得分。

附件　赛题十部分参考答案

任务 2　组装电冰箱和空调制冷系统。(20 分)

4. 按组装好的空调制冷系统，绘制其流程图，并注明制冷系统四大主要部件的名称，用箭头标注制冷时制冷剂的流向。

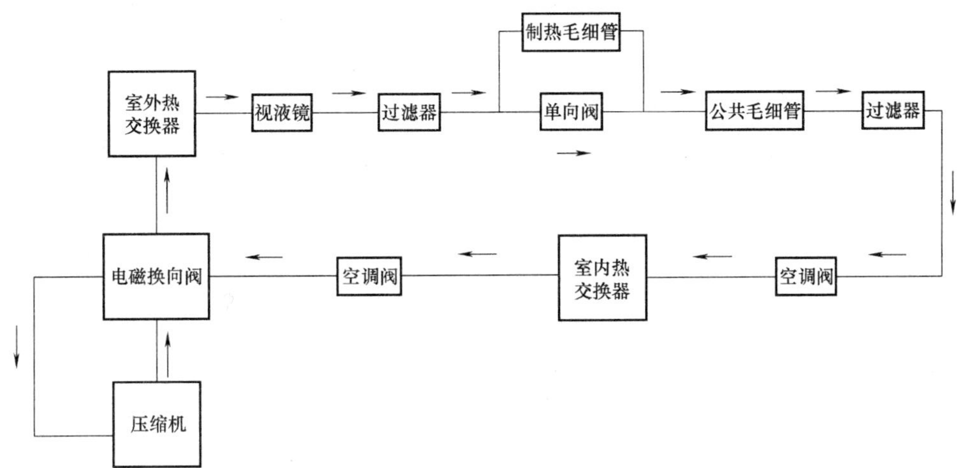

图 10-4　空调制冷系统流程图

5. 绘制四通电磁换向阀的结构示意图，并简要说明其工作原理。

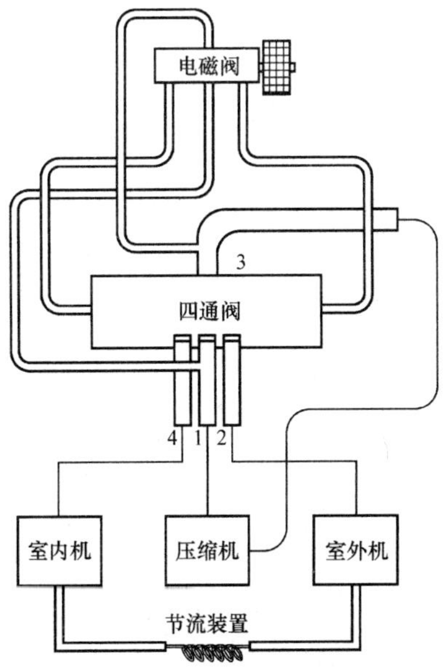

图 10-5　四通电磁换向阀结构示意图

空调器在制冷时，电磁阀不得电，四通阀的 1 与 4 相通、2 与 3 相通。

空调器在制热时，电磁阀得电，四通阀的 1 与 2 相通、3 与 4 相通。

任务 4　电气控制系统电路连接。(20 分)

5. 空调器创新举措。

在日常生活中，客人住宾馆时，经常出现这么一种现象：将空调器调到制冷状态，温度调到 16℃，然后盖被子睡觉。请根据本装置中提供的 3470—5K 热敏电阻的温度特性，在不影响客人正常使用遥控器的情况下，试设计一个电路，在检测室温达到 24℃时通过控制电路自动断开压缩机回路。要求画出电路原理图并分析其工作原理，分析宾馆和客人各有什么好处，并将答案写到答题纸上（3470—5K 热敏电阻参数值：t =16℃时，R_{16} =7. 18kΩ；t =24℃时，R_{24} =5. 19kΩ）。

答：根据 3470—5K 热敏电阻的温度特性，当室温 t =16℃时，R_{16} =7. 18kΩ，当室温 t =24℃时，R_{24} =5. 19kΩ，在设计时将室温感温头其中一条线从中间断开，在断开的两个端口上串联一只 2kΩ 电阻即可。只要在房间温度达到 24℃时，输入空调器线路板的电阻等效于改装前遥控器设定温度 16℃时的电阻，此时通过控制电路将自动断开压缩机回路。

宾馆利益：改造前，遥控器设定温度为 16℃时，压缩机全天不停机，改造后遥控器设定温度为 16℃等同于改造前遥控器设定温度为 24℃，压缩机则间歇停机，根据经验，节约电能约 30% ~40%。此外，由于压缩机间歇停机，将有利于延长压缩机的使用寿命。

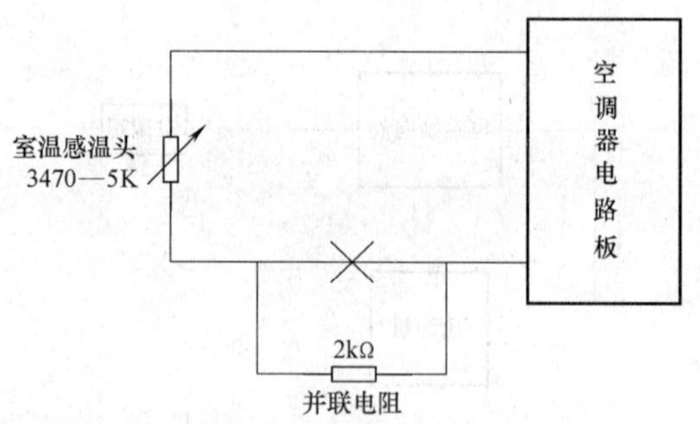

图 10-6　室温检测电路

客人利益：长期处于空调器室恒温环境的人，如果突然移至高温环境，大量出汗，体液减少，机体抵抗力下降，血液黏度升高，极易引起中风。改造前室内外温差大，改造后室内外温差小，因此，改造后可提高机体抵抗力，不易引起中风等疾病。

赛题十一　操作技能任务书

一、任务描述

“制冷与空调设备组装与调试”技能大赛，依据国家职业资格鉴定“制冷设备维修工”职业（工种）高级工标准，结合制冷与空调专业教学实际，以 THRHZK—1 型现代制冷与空调系统技能实训装置为操作平台，设定了制冷与空调设备组装与调试、制冷设备维修工基本技能操作两项竞赛内容。其中制冷与空调设备组装与调试，是完成热泵型空调器与智能温控型冰箱的系统安装与调试。制冷设备维修工基本技能操作，须按照图样要求，加工制作铜管，并焊接管路完成工件。

所有任务须在 240min 内完成，请填写单项操作时间。

二、竞赛要求

1. 正确使用专用工具，操作安全规范。
2. 部件安装，电路、管路连接、接头处理正确、可靠，符合要求。
3. 爱惜赛场设备和器材，尽量减少耗材的浪费。
4. 保持工作台及附近区域干净整洁。
5. 操作过程需要记录的数据根据要求须评委确认签字，如无记录、无评委签字，则该操作不得分。
6. 竞赛过程中如有异议，可向现场评委反映，不得扰乱赛场秩序。
7. 遵守赛场纪律，尊重赛场工作人员，服从指挥。

三、任务

任务 1　冰箱与空调制冷系统设计与安装。(15 分)

参赛队配发统一长度线缆及配件，以 THRHZK—1 型现代制冷与空调系统技能实训装置为操作平台，完成以下操作：

1. 根据图 11-1 中设备位置要求，将制冷系统中设备安装就位。

2. 根据实训平台上热泵型空调器与智能温控型冰箱的设备所在位置，设计管路走向，测量管路所需尺寸。

3. 根据测量尺寸，截取铜管进行加工制作，正确选择配件，采用焊接或者螺纹连接的方式，完成热泵型空调器与智能温控型冰箱制冷系统以及压缩机吸、排气压力表的安装。

4. 记录所用时间，测量剩余铜管长度（长度小于 200mm 的管子不计），计算使用量，填入表 11-1。

表 11-1　铜管领用记录表

规格	领用铜管/mm	剩余铜管/mm	实际用量/mm
ϕ9. 52mm			
ϕ6. 35mm			
ϕ3mm			
评委签字			

任务要求：

1. 设备安装位置尺寸误差为 ±3mm。
2. 管路连接美观、正确、可靠。
3. 尽量减少铜管用量及弯头数，管路布局合理、不能相互影响，管路走向平直、美观。

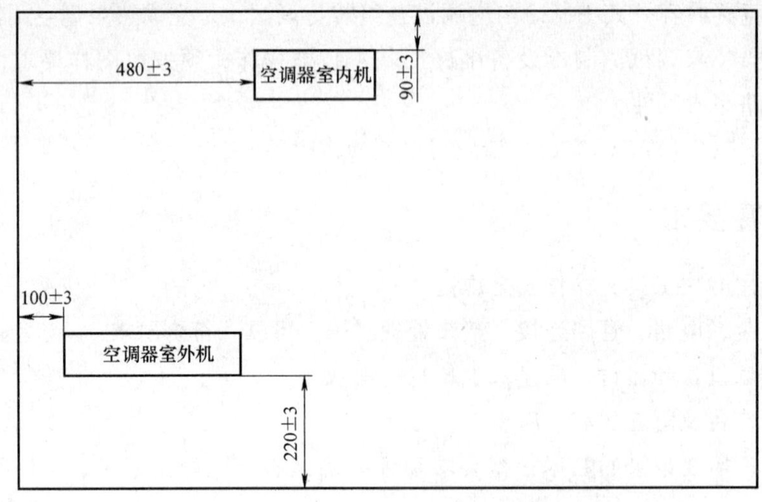

图 11-1　空调器室内机、室外机安装位置图

任务 2　电气控制系统设计、接线与调试。(20 分)

根据热泵型空调器、智能温控型冰箱电气控制原理，进行控制系统安装接线和调试，以实现如下功能：热泵型空调器实现制冷、制热功能，温度调节与控制功能，压缩机过热、过电流保护功能，室内风机高、中、低三档调速功能；智能温控型冰箱实现冷藏室、冷冻室温度调节与控制功能，压缩机过热、过电流保护功能，门灯控制功能。

选手完成以下操作：

1. 设计线缆走向，选择线缆。
2. 测量、选择、安装电气元件。
3. 测量所需线缆长度，将电气元件及设备接至端子排上并标注线号。
4. 将线缆布放于线槽内，酌情固定。
5. 启动系统试运行。
6. 将线缆使用量填入表 11-2。
7. 将所用端子的端子号及所接电气元件填入表 11-3。
8. 分别测量空调器压缩机绕组阻值、室内风机绕组阻值、冰箱压缩机绕组阻值，填入

表 11-4。

9. 如系统不能启动或有其他故障，请自行排查处理，并将排查过程填入表 11-5，如无故障，则不填。

表 11-2　线缆领用记录表

规格/mm²	领用线缆/mm	剩余线缆/mm	实际用量/mm
1.0			
0.75			
0.5			
评委签字			

任务要求：

1. 通电试运行必须安全操作。

2. 冰箱设置状态：冷藏室温度 2℃、冷冻室温度 -24℃、变温室温度 0℃、速冻功能 off（关）、智能功能 off（关）、假日功能 on（开）。

表 11-3　端子排接线记录表

端子号	元件	接线线径	颜色	端子号	元件	接线线径	颜色
1				16			
2				17			
3				18			
4				19			
5				20			
6				21			
7				22			
8				23			
9				24			
10				25			
11				26			
12				27			
13				28			
14				29			
15				30			

表 11-4　阻值测量记录表

序号	设备	测量对象	阻值/Ω
1	空调器压缩机	起动绕组	
2		运行绕组	
3	冰箱压缩机	起动绕组	
4		运行绕组	
5	室内风机	起动绕组	
6		起动端与低速档	
7		起动端与中速档	
8		起动端与高速档	
评委签字			

表 11-5 系统故障排除记录表

系统	故障现象	故障点	是否排除	评委签字
空调器				
冰箱				

3. 尽量减少线缆等材料的损耗。

4. 相线、零线选用 1.0mm^2 线缆，控制信号线选用 0.5mm^2 线缆，设备电源线选用 0.75mm^2 线缆。

5. 线缆与端子排连接须使用压线帽，线缆对接须外套热缩管。

6. 端子排上，1~30 号接线端子用于空调器电气控制系统接线，31~50 号接线端子用于冰箱电气控制系统接线。

7. 线槽内、外布线整齐、美观。

8. 强电、弱电线缆，分别沿线槽两端布放。

9. 调试完成后须实现各项控制功能。

任务 3 系统吹污、打压检漏。(10 分)

热泵型空调器、智能温控型冰箱制冷系统安装完毕后，按照工艺要求，对系统进行吹污、打压检漏操作：

1. 将氮气瓶与制冷系统作吹污连接。

2. 将氮气调至规定压力对系统进行吹污，直至断定系统干净。

3. 吹污开始后，报请评委验证使用气体压力值，并监督吹污过程，将数值填入表 11-6，并与评委同时签字确认，否则该项不得分。

4. 将氮气瓶与制冷系统作打压检漏连接。

5. 将氮气调至规定压力，对系统进行打压检漏，保压 20min 后，报请评委验证压力值，将打压压力值填入表 11-6，并与评委同时签字确认。

6. 拆除氮气瓶。

表 11-6 系统吹污保压操作记录表

系统	次数	吹污压力/MPa	判断吹污是否结束的依据	检漏压力/MPa	保压时间/min	压力回升/MPa
空调器	第一次					
	第二次					
	第三次					
冰箱	第一次					
	第二次					
	第三次					
评委签字				日 时 分		

任务要求：

1. 吹污、打压检漏使用的氮气压力符合规范。
2. 吹污、打压管路连接正确。
3. 如需更换器件或需焊接，向评委申请，由评委酌情处理。

任务 4　系统抽真空。(8 分)

热泵型空调器、智能温控型冰箱制冷系统吹污、检漏之后，进行系统抽真空。完成以下操作：

1. 连接组表及真空泵。
2. 通电运行真空泵，开始抽空。
3. 持续观察压力表，直至达到真空度要求。
4. 真空泵断电停机，报请评委验证压力值，保压 10min 后，将真空度值填入表 11-7，并再次与评委同时签字确认。
5. 拆除真空泵。

任务要求：

表 11-7　系统抽真空操作记录表

系统	次数	真空度/bar	抽真空用时/min	保压时间/min	压力回升/bar
空调器	第一次				
	第二次				
	第三次				
冰箱	第一次				
	第二次				
	第三次				
评委签字				日　　时　　分	

1. 抽真空真空度须达 −0.9bar 以下。
2. 保压期间发现压力回升，须再次打压检漏以确认原因。
3. 查出原因排除故障后继续抽真空。

任务 5　制冷剂充注与系统调试。(17 分)

向抽完真空的热泵型空调器、智能温控型冰箱制冷系统内充注适量制冷剂，以实现制冷、制热功能。充注过程须完成以下操作：

1. 向现场评委领取制冷剂钢瓶（罐）并称重，经评委确认后填写表 11-8。

表 11-8　制冷剂领用记录表

R600a 压力罐重量/g			
充注前	调试结束	实际用量	
评委签字			日　　时　　分

2. 连接制冷系统、组表、制冷剂钢瓶（罐）。

3. 充注制冷剂，通电试运行，不断观察各项参数和设备运行情况。

4. 运行稳定后，须报请评委确认，如实记录运行参数，正确描述运行状态，根据运行参数和现象正确判断制冷剂充注量是否达到要求。

5. 如判定制冷剂充注量不足或过多，再一次充注或排放部分制冷剂，然后继续运行并观察，并将上述内容填入表 11-9，直至判定制冷剂充注适量。

6. 制冷剂钢瓶（罐）称重，报请评委确认后，计算制冷剂使用量录入表 11-8，并与评委同时签字确认。

7. 完成调试，向评委报告结束时间，并与评委同时签字确认。

表 11-9　冰箱系统运行调试记录表

系统	运行电流/A	吸气绝对压力/bar	排气绝对压力/bar	冷凝器出液温度/℃	蒸发器回气温度/℃	时间		
						运行开始	运行结束	调试用时
空调器								
冰箱								
评委签字					日　时　分			

任务要求：

1. 制冷剂选择正确。

2. 制冷剂充注适量。

3. 尽量减少制冷剂的排放量。

4. 各项参数值、运行情况及结论，须在评委监督下记录。

5. 冰箱运行电流达 0.4～0.5A；吸气绝对压力达 0.5～0.6bar；排气绝对压力达 2.6～3.1bar。

6. 空调器运行电流达 1.7～2.5A；吸气绝对压力达 4.0～5.0bar；排气绝对压力达 16～20bar。

任务 6　造型工件制作。(20 分)

每组配发统一长度直径为 3/8in、1/4in 的铜管、ϕ3mm 的毛细管。参赛队员根据图 11-2 及图 11-3，利用割刀、扩管器、倒角器、弯管器、便携式焊炬等工具及设备，制作工件，完成以下操作：

1. 正确识图。

2. 截取铜管及毛细管。

3. 按图 11-2 制作工件 1。

4. 选用辅件，使用焊炬按图 11-3 完成工件 2。

5. 报请评委确认材料用量。

6. 工件 2 焊接完成后，充入 2bar 氮气保压。

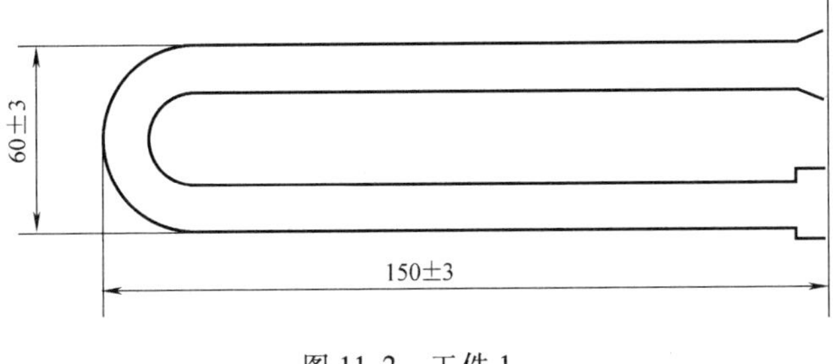

图 11-2　工件 1

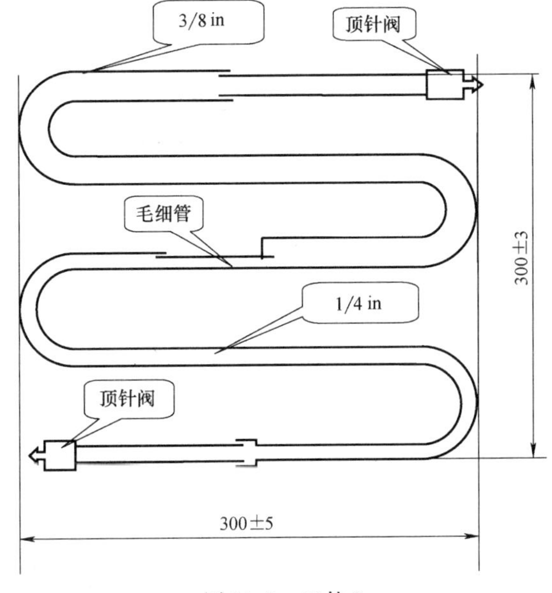

图 11-3　工件 2

任务要求：

1. 铜管及管口加工后须平整、光滑，不得有毛刺、裂纹或破口。
2. 焊接处要求光滑、焊接可靠，不能有焊疤和焊孔。
3. 误差按图（表）中标注要求，工件 1 两端长度误差在 3mm 以内。
4. 铜管应节省使用。如所配发铜管或毛细管已用完，可以向评委申请领取。

四、职业素养与安全意识（10 分）

评分要求：

1. 完成竞赛任务所有操作符合安全操作规范。
2. 操作台、工作台表面整洁，工具摆放、导线头等处理符合职业岗位要求。
3. 遵守赛场纪律，尊重赛场工作人员。
4. 爱惜赛场设备、器材。

五、违规扣分

选手有下列情形，需从竞赛成绩中扣分：

1. 在完成竞赛过程中，因操作不当导致事故，视情节扣 10～20 分，情况严重者取消比赛资格。

2. 出现违规操作损坏赛场提供的设备、污染赛场环境等不符合职业规范的行为，视情节扣 5～10 分。

3. 扰乱赛场秩序，干扰评委工作，视情节扣 5～10 分，情节严重者取消竞赛资格。

赛题十一　评分细则

<table>
<tr><th>任务</th><th>评分点</th><th>配分</th><th>评分标准</th></tr>
<tr><td rowspan="2">1</td><td>制冷系统
管路设计</td><td>5</td><td>流程图中设备每缺一个,扣2分
系统中管路每错接、少接一根,扣2分
管路布置拥挤、不美观,酌情扣2~4分
该项最多扣5分</td></tr>
<tr><td>制冷系统管路
制作与安装</td><td>10</td><td>管路不平直,每根扣1分
铜管用量超过配给量,扣3分
设备安装尺寸误差大于3mm,扣3分
弯头不足或超过90°,每个扣1分
弯头过多,管路过长,酌情扣2~4分
焊接处不光滑、铜管压扁或扭曲变形,每处扣1分
该项最多扣10分</td></tr>
<tr><td rowspan="2">2</td><td>电气控制
系统接线</td><td>10</td><td>线缆用量超过配给量,扣3分
线槽内布线散乱,酌情扣4~6分
线槽外线缆未套管,每根扣1分
操作不当损坏器件,每个扣3分
未能完成布线,每漏接一个器件扣1分
线缆接头未焊接或未套热塑管,每处扣1分
缺少线号管、未用压线帽或连接不安全可靠,每处扣1分
该项最多扣10分</td></tr>
<tr><td>电气控制
系统调试</td><td>10</td><td>绕组阻值测量值没有全对,扣2分
控制功能及要求没有全部实现,每缺一项扣4分
出现故障后,原因分析、排故思路与方法错误,扣8分
调试过程损坏器件或因事先未能正确判断器件,每一个扣3分
该项最多扣10分</td></tr>
<tr><td rowspan="2">3</td><td>系统
吹污</td><td>4</td><td>未进行吹污操作,扣4分
使用制冷剂吹污,扣4分
不能正确判断吹污是否达到要求,扣4分
冰箱吹污压力没有控制在0.5~0.6MPa范围之内,扣2分
空调器吹污压力没有控制在0.8~1.0MPa范围之内,扣2分
该项最多扣4分</td></tr>
<tr><td>打压
检漏</td><td>6</td><td>有一处泄漏,扣3分
管路错接一处,扣2分
保压时间不足,扣3分
未进行打压检漏,扣6分
如有漏检,每漏检一处,扣2分
冰箱打压压力没有控制在0.78~0.98MPa范围之内,扣3分
空调器打压压力没有控制在1.1~1.25MPa范围之内,扣3分
该项最多扣6分</td></tr>
<tr><td>4</td><td>系统
抽真空</td><td>8</td><td>保压时间不足,扣2分
管路每错接一处,扣2分
真空度不达要求,扣3分
未进行抽真空操作,扣5分
不能分析真空度不达要求原因,且不能确认故障点,扣5分
该项最多扣8分</td></tr>
</table>

（续）

任务	评分点	配分	评分标准
5	制冷剂充注	7	管路错接一处,扣4分 制冷剂选择错误,扣7分 该项最多扣7分
	系统调试	10	未进行检漏,扣6分 制冷剂充注过量或不足,扣10分 不能正确分析调试过程,扣10分 充注过程中,每检出一处泄漏,扣6分 充注结束后拆管造成大量泄漏,扣6分 该项最多扣10分
评委		日期	

基本操作技能、安全规范操作评分表

任务	评分点	配分	评分标准
6	规定工件制作	20	出现死弯,扣8分 焊接处泄漏,每处扣4分 焊液过多或过少,每处扣2分 杯形口不圆整或破裂,扣5分 长度误差>3mm,每根管扣2分 角度误差>3°,每个弯头扣2分 喇叭口尺寸误差超过要求,扣4分 铜管或毛细管每废弃一根,扣4分 管路焊穿或焊接不可靠,每处扣2分 铜管、毛细管用量超过配给量,扣5分 弯头不圆整、变形,每个弯头扣4分 喇叭口不圆整、有毛刺,每处扣4分 杯形口尺寸误差超过要求,每处扣4分 切口不平整、变形,有毛刺,每处扣4分 工件未能制作完成,每缺一个部件扣5分 此项最多扣20分
	职业素养与安全意识	10	违规操作,一次扣5分 违反竞赛规则,一次扣5分 操作不当损坏工具,一把扣5分 工作台表面遗留器件,一个扣2分 操作结束工具未能整齐摆放,扣5分 工作台表面遗留工具,一把(套)扣3分 工作台表面遗留线缆、管材,一根扣2分 有不尊重赛场工作人员行为,一次扣5分 该项最多扣10分
			得分

违规扣分项

扣分点	扣分标准
事故或严重违纪	在完成竞赛过程中,因操作不当导致事故,视情节扣10~20分,情况严重者取消比赛资格
	因违规操作损坏赛场提供的设备,污染赛场环境等不符合职业规范的行为,视情节扣5~10分
	扰乱赛场秩序,干扰评委工作,视情节扣5~10分,情节严重者取消竞赛资格
	竞赛过程中,指导老师违规指导学生,视情节扣5~10分,情节严重者取消竞赛资格

评委		日期		扣分合计	

赛题十二　操作技能任务书

任务 1　基础理论题。(10 分)

1. 制冷循环分为哪四个过程?(2 分)

2. 空调制冷系统的正常低压范围、正常高压范围分别是多少?(2 分)

3. 什么是能效比?当能效比为 3.25 时,1 匹空调器的额定制冷量是多少千瓦?(3 分)

4. 冷冻润滑油有什么作用?(3 分)

任务 2　管件的制作。(10 分)

1. 利用赛场提供的 ϕ6mm 铜管,制作如图 12-1 所示的管件。(2 分)

2. 利用赛场提供的 ϕ6mm 铜管,制作如图 12-2 所示的管件。(4 分)

3. 利用赛场提供的 ϕ6mm 铜管,制作如图 12-3 所示的管件。(2 分)

4. 利用赛场提供的 ϕ6mm 铜管,制作如图 12-4 所示的管件。(2 分)

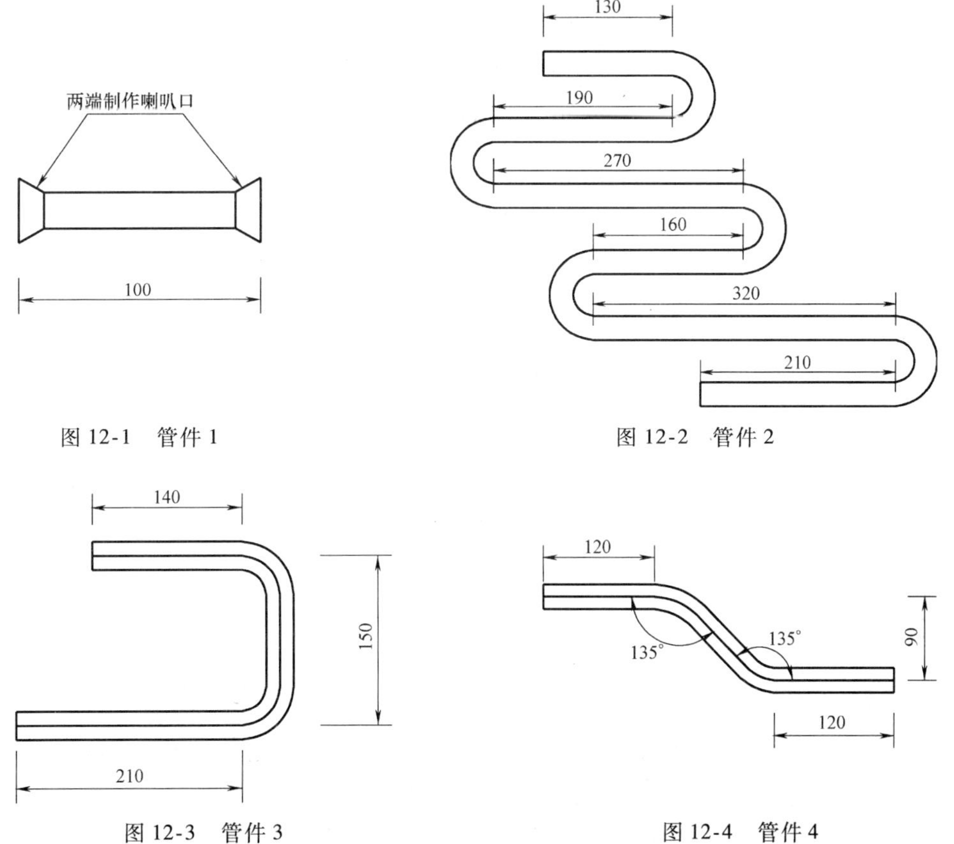

图 12-1　管件 1

图 12-2　管件 2

图 12-3　管件 3

图 12-4　管件 4

具体要求:

1. 正确使用制冷专用工具进行管件加工。

2. 所制作管件角度误差不超过 3°。

3. 所制作管件长度误差不应超过 2mm。

4. 所制作管件不应该有压扁现象。

任务 3　按照赛场提供的 THRHZK—1 型“现代制冷与空调系统技能实训装置”（简称“装置”，下同），绘制双门双温双控冰箱和热泵型分体式空调制冷系统流程图，按照所绘制的流程图自行设计管路，并组装冰箱和空调器的制冷系统。(20 分)

具体要求：

1. 绘制双门双温双控冰箱制冷系统流程图，并注明五个主要部件的名称以及制冷系统中制冷剂的流向。

2. 绘制热泵型分体式空调制冷系统流程图，并注明五个主要部件的名称以及制冷系统中制冷剂的流向。

3. 按照图 12-5 中部件位置的要求，将空调器室外热交换器和室内热交换器安装到位，安装位置尺寸误差为 ±20mm。要求：

（1）按照图中标注尺寸安装。

（2）安装尺寸误差按图中标注。

（3）图中尺寸以设备外沿为基准，图中长度单位为 mm。

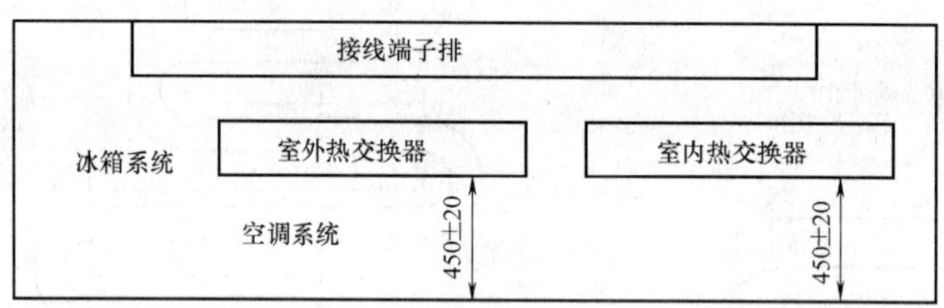

图 12-5　空调系统热交换器安装位置图

4. 按照所绘制的制冷系统流程图，以节省铜管为原则，完成空调器和冰箱制冷系统管路的设计制作。

5. 选取合适的器件组装冰箱和空调制冷系统，要求布局合理、连接可靠、美观，且流程图与所组装系统实物相对应。

任务 4　按照“中华人民共和国制冷设备维修工职业技能鉴定规范考核大纲”的要求，完成冰箱和空调制冷系统的保压检漏。(15 分)

具体要求：

1. 排除冰箱和空调器管路中的相关故障。

2. 在进行保压检漏前，用氮气对冰箱、空调制冷系统进行吹污。

3. 在冰箱的制冷系统中充入氮气使其压力达到 0.8MPa，在空调制冷系统中充入氮气使其压力达到 1.2MPa。充注氮气完成后进行保压、检漏并清理检漏部位，自检不漏后申请保压，空调器的保压时间为 20min，冰箱的保压时间为 30min。保压开始及结束时，参赛人员须举手示意，由参赛人员在表 12-1 中记录保压开始时间以及实训台上低压表的压力值（以赛场挂钟时间为准），并由评委签字确认。

4. 如果发现有泄漏部位，应重新进行上述操作，直到不漏为止。

表 12-1　保压操作记录表

项目名称	次数	保压开始			保压结束		
		时间	压力值/MPa	评委确认	时 间	压力值/MPa	评委确认
空调制冷系统的保压检漏	第一次						
	第二次						
	第三次						
冰箱制冷系统的保压检漏	第一次						
	第二次						
	第三次						

注：1. 要求空调系统保压时间不少于 20min，冰箱系统保压时间不少于 30min。
2. 表中数据用圆珠笔或签字笔填写。
3. 表中数据文字涂改项无效。

任务 5　进行空调器、冰箱的电路连接。(15 分)

具体要求：

1. 利用赛场提供的各种电线和配件，连接空调系统和冰箱系统的电气线路。

2. 所有的电线必须布放在线槽中。

3. 排除冰箱和空调系统的电气故障，并填入表 12-2。

4. 测量空调器室内风机与压缩机各接线端子间的电阻值，由参赛人员在表 12-3 中记录测量数据，并由评委签字确认。

表 12-2　系统故障排除记录表

系统	故障现象	系统故障部位	是否排除	评委确认
空调系统				
冰箱系统				

注：1. 表中数据用圆珠笔或签字笔填写。
2. 表中无评委签字确认或数据文字涂改项无效。

表 12-3　阻值测量记录表

序号	设备	测量对象	阻值/Ω
1	空调器压缩机	起动绕组	
2		运行绕组	
3	室内风机	起动绕组	
4		起动端与低速档	
5		起动端与中速档	
6		起动端与高速档	
评委签字			日　　时　　分

任务6　按照“中华人民共和国制冷设备维修工职业技能鉴定规范考核大纲”要求，完成冰箱和空调制冷系统的抽真空及充注制冷剂。(10分)

具体要求：

1. 绘制空调系统抽真空装置的系统连接图，并按照该图连接真空泵、双表修理阀以及制冷系统。

2. 绘制冰箱系统抽真空装置的系统连接图，并按照该图连接真空泵、双表修理阀以及制冷系统。

3. 冰箱制冷系统抽真空时间不少于40min，空调制冷系统抽真空时间不少于30min，抽真空开始及结束，参赛人员须举手示意，由参赛人员在表12-4中记录开始及结束的时间(以赛场挂钟时间为准)，并记录双表修理阀低压表的压力值，由评委签字确认。

4. 参赛人员凭评委签字确认后的表12-5，由该评委带领到指定位置领取已称过重量的制冷剂R600a（HC-600a）罐。

5. 充注制冷剂R600a（HC-600a）后，参赛人员确认不再使用制冷剂R600a（HC-600a）时，须举手示意，并持表12-5，由评委带领将R600a（HC-600a）制冷剂罐送至指定位置称重并由评委确认后归还。

6. 禁止将制冷系统或制冷剂罐中的制冷剂向赛场排放，如由于操作不当引起向赛场排放制冷剂，则该项不得分。

表12-4　抽真空操作记录表

项目名称	次数	抽真空开始			抽真空结束		
		时间	真空值/MPa	评委确认	时间	真空值/MPa	评委确认
空调系统抽真空	第一次						
	第二次						
	第三次						
冰箱系统抽真空	第一次						
	第二次						
	第三次						

注：1. 要求空调系统抽真空时间不少于30min，冰箱系统抽真空时间不少于40min。
2. 表中数据用圆珠笔或签字笔填写。
3. 表中数据文字涂改项无效。

表12-5　制冷剂领取记录

项目名称	制冷剂	冰箱系统(R600a)	评委确认
加注制冷剂	制冷剂罐未充注前重量/g		已经首席评委确认
	制冷剂罐充注完后重量/g		
	制冷剂充注量/g		

任务7　通电调试运行冰箱和空调制冷系统，使其在安全、经济的条件下达到耗功最小、效率最高的预期效果。(10分)

具体要求：

1. 排除冰箱和空调制冷系统的相关故障，并填写表12-6。

2. 冰箱设置状态：冷藏室温度2℃、冷冻室温度－24℃、变温室温度0℃、速冻功能off（关）、智能功能off（关）、假日功能on（开）。

3. 冰箱制冷系统自检合格后，按上述要求设置并启动冰箱系统。通电开始前，参赛人员须举手示意，并在表12-7中记录开始运行时间，由评委签字确认；运行20min后，参赛人员须举手示意，并由参赛人员在表12-7中记录当前时间及压缩机的吸气压力值、排气压力值及压缩机的运行电流值，由评委签字确认。

4. 空调制冷系统自检合格后，将空调器调至制热状态，室内风机调至中速档送风。通电开始前，参赛人员须举手示意，并在表12-7中记录开始运行时间，由评委签字确认；运行20min后，参赛人员须举手示意，并由参赛人员在表12-7中记录当前时间及压缩机的吸气压力值、排气压力值及压缩机的运行电流值，由评委签字确认。

表12-6 故障排除记录表

系统	故障现象	故障点	是否排除	器件更换时间	评委确认
冰箱系统					
空调系统					

表12-7 系统运行调试记录表

系统	运行电流/A	吸气压力/bar	排气压力/bar	时间			
				运行开始	运行结束	调试用时	评委确认
空调系统							
冰箱系统							

任务8 安全文明。（10分）

评分要求：

1. 该项配分为10分。
2. 完成竞赛任务所有操作符合安全操作规范。
3. 操作台、工作台表面整洁，工具摆放、导线头等处理符合职业岗位要求。
4. 遵守赛场纪律，尊重赛场工作人员。
5. 爱惜赛场设备、器材。

赛题十二　评分细则

任务1　基础理论题。(10分)

1. 制冷循环分为哪四个过程?(2分)

答:蒸发过程、压缩过程、冷凝过程、节流过程。

2. 空调制冷系统的正常低压范围、正常高压范围分别是多少?(2分)

答:正常低压范围为0.4~0.6MPa、正常高压范围为1.5~1.9MPa。

3. 什么是能效比?当能效比为3.25时,1匹空调器的额定制冷量是多少千瓦?(3分)

答:能效比是指机组名义工况下制冷(制热)量与整机消耗功率的比值。1匹空调器的额定制冷量是0.735×3.25kW=2.389kW。

4. 冷冻润滑油有什么作用?(3分)

答:润滑摩擦表面、降低温升;带走金属摩擦表面的磨屑;在气缸与活塞及轴封摩擦面间起密封作用。

任务2　管件的制作。(10分)

评分标准:每1处不符合要求扣1分,每小题分值扣完为止。

评定方法:用三角板及钢板尺配合测量。

任务3　按照赛场提供的THRHZK—1型“现代制冷与空调系统技能实训装置”(简称“装置”,下同),绘制双门双温双控冰箱和热泵型分体式空调制冷系统流程图,按照所绘制的流程图自行设计管路,并组装冰箱和空调器的制冷系统。(20分)

1. 绘制双门双温双控冰箱制冷系统流程图,并注明五个主要部件的名称以及制冷系统中制冷剂的流向。

该点评分标准:本要点共3分。

(1)绘制正确得1分。

(2)五个主要部件包括压缩机、冷凝器、蒸发器、毛细管(节流装置)、干燥过滤器的名称标注正确得2分。

扣分按如下规定进行:

每错一处(多标正确不加分,多标错误扣分)扣0.5分,错3处不得分。

2. 绘制热泵型分体式空调制冷系统流程图,并注明五个主要部件的名称以及制冷系统中制冷剂的流向。

评分标准:本要点共3分。

(1)绘制正确得1分。

(2)五个主要部件:压缩机、室内热交换器、室外热交换器、毛细管(节流装置)、电磁换向阀(电磁四通阀)的名称标注正确得2分。

扣分按如下规定进行:

每错一处（多标正确不加分，多标错误扣分）扣0.5分，错3处不得分。

3. 按照图12-5中部件位置的要求，将空调器室外热交换器和室内热交换器安装到位，安装位置尺寸误差为±20mm。要求：按照图中标注尺寸安装；安装尺寸误差按图中标注；图中尺寸以设备外沿为基准，图中长度单位为mm。

该点评分标准：本要点共2分。冰箱标注正确得1分，空调器标注正确得1分，否则不得分。

4. 按照所绘制的制冷系统流程图，以节省铜管为原则，完成空调器和冰箱制冷系统管路的设计制作。

该点评分标准：本要点共10分。

(1) 制冷管路长短配置合理得4分。

(2) 设备安装正确得6分。

扣分按如下规定进行：

(1) 设备安装尺寸超出±3mm扣2分。

(2) 冰箱管路安装不横平竖直扣1分。

(3) 空调器管路安装不横平竖直扣2分。

(4) 管子压扁或扭曲扣1分。

(5) 损坏了工具本题不得分。

5. 选取合适的器件组装冰箱和空调制冷系统，要求布局合理、连接可靠、美观，且流程图与所组装系统实物相对应。

评分标准：本要点共2分。判断、选择空调器毛细管正确得2分，否则不得分。

任务4　按照“中华人民共和国制冷设备维修工职业技能鉴定规范考核大纲”的要求，完成冰箱和空调制冷系统的保压检漏。(15分)

评分标准：

1. 顺利找出所设故障给5分。

2. 冰箱制冷系统吹污、保压、检漏操作正确且所有检漏部位不漏得5分。

3. 空调制冷系统吹污、保压、检漏操作正确且所有检漏部位不漏得5分。

扣分按如下规定进行：

1. 不进行吹污操作扣2分。

2. 冰箱保压压力没有控制在0.8MPa±0.02MPa扣1分。

3. 空调器保压压力没有控制在1.2MPa±0.05MPa扣1分。

4. 保压时间不足扣2分。

5. 肥皂水未清理，每处扣0.5分，最多扣2分。

6. 把无故障处当做故障处，扣5分。

任务5　进行空调、冰箱的电路连接。(15分)

评分标准：

1. 顺利排除电气故障5分。把无故障处当做故障处，除不给分外，还要扣5分。

2. 测量空调器室内风机起动端与低速档阻值正确得2分。

3. 测量空调器室内风机起动端与中速档阻值正确得1分。

4. 测量空调器室内风机起动端与高速档阻值正确得 2 分。

5. 测量空调器压缩机起动绕组阻值正确得 1 分。

6. 测量空调器压缩机运行绕组阻值正确得 2 分。

7. 对空调器热保护器，判断、选择正确得 1 分。

8. 对冰箱压缩机 PTC 起动器，判断、选择正确得 1 分，否则不得分。

任务 6　按照“中华人民共和国制冷设备维修工职业技能鉴定规范考核大纲”要求，完成冰箱和空调制冷系统的抽真空及充注制冷剂。(10 分)

评分标准：

1. 冰箱抽真空系统连接图绘制正确得 1 分。

2. 冰箱制冷系统一次性完成抽真空得 3 分。

3. 冰箱制冷系统充注制冷剂量正确得 2 分（40g ± 10g)。

4. 空调器抽真空系统连接图绘制正确得 1 分。

5. 空调制冷系统一次性完成抽真空得 2 分。

扣分按如下规定进行：

1. 冰箱制冷系统多次完成抽真空，扣 1 分，此项扣分最多不超过 2 分。

2. 空调制冷系统多次完成抽真空，扣 1 分，此项扣分最多不超过 2 分。

3. 真空度单位不符合要求扣 1 分。

4. 冰箱制冷系统充注制冷剂量不在有效范围内，不得分。

任务 7　通电调试运行冰箱和空调制冷系统，使其在安全、经济的条件下达到耗功最小、效率最高的预期效果。(10 分)

评分标准：

1. 冰箱压缩机吸气压力在 -0. 05 ~ -0. 02MPa 范围内得 1 分，否则不得分。

2. 冰箱压缩机排气压力在 0. 35 ~ 0. 55MPa 范围内得 1 分，否则不得分。

3. 冰箱压缩机运行电流在 0. 35 ~ 0. 45A 范围内得 1 分，否则不得分。

4. 以现场参赛设备的冰箱冷冻室蒸发器表面温度最低得 2 分，比最低温度高 1℃得 1. 5 分，比最低温度高 3℃得 1 分，比最低温度高 4℃以上不得分。

5. 空调器压缩机吸气压力在 0. 4 ~ 0. 55MPa 范围内得 1 分，否则不得分。

6. 空调器压缩机运行电流在 2. 7 ~ 3. 1A 范围内得 1 分，否则不得分。

7. 以现场参赛设备的空调器蒸发器出风温度最高得 3 分，比最高温度低 2℃得 2 分，比最高温度低 5℃得 1 分，比最高温度低 6℃及以上不得分。

任务 8　安全文明（10 分）

工具设备的使用和维护及安全文明生产评分标准

检查内容		技术要求	评分标准	扣分	总得分
工具设备的使用和维护	工具的使用和维护	1. 割刀工具的正确使用和维护 2. 胀管工具的正确使用和维护 3. 专用工具的正确使用和维护	操作全过程中巡视记分： 1. 对电烙铁逐工位检查 2. 操作方法不当或错误扣 1 分/项		

（续）

<table>
<tr><th colspan="2">检查内容</th><th>技术要求</th><th>评分标准</th><th>扣分</th><th>总得分</th></tr>
<tr><td>工具设备的使用和维护</td><td>仪表设备的使用和维护</td><td>1. 万用表的正确使用和维护
2. 双头维修表使用的情况
3. 真空泵</td><td>操作全过程中巡视记分:万用表、仪器设备使用方法不当或损坏,扣2分/次</td><td></td><td></td></tr>
<tr><td rowspan="2">安全及文明生产</td><td>生产现场安全规范</td><td>1. 工位用电的安全性
2. 用电器(电烙铁、设备、仪器等)用电安全
3. 不出现工伤事故</td><td>操作全过程中巡视检查记分:有不安全用电现象扣2分/项</td><td></td><td rowspan="2"></td></tr>
<tr><td>安全及文明生产</td><td>1. 操作工位卫生良好
2. 全部操作过程井然有序,无杂乱无章的现象
3. 严格遵守工艺规程操作
4. 不浪费原材料
5. 违反比赛规定,提前进行操作的,由现场评委负责记录,扣5~10分
6. 现场操作过失未造成严重后果的,由现场评委负责记录,以0分计算
7. 顶撞评委,致使赛场混乱,引起恶劣影响者,由主评委宣布终止该选手的比赛,以0分计算
8. 发生严重违规操作或作弊,经确认后,由首席评委宣布终止该选手的比赛,以0分计算</td><td>操作全过程中巡视记分:不符合技术要求扣1分/项</td><td></td></tr>
</table>

赛题十三　操作技能任务书

选 手 须 知

1. 选手按要求进入对应工位，并按照设备上提供的工具清单清点工具，清点完成后，参赛人员在清单表格下方签字确认。如工具数量不一致，选手在 30min 内，举手向评委示意，否则评委不予处理。

2. 选手在拿到试卷后，检查试卷的完整性，并在指定位置填写工位号，待评委发出比赛开始指令后，选手才能作答，否则将取消参赛资格。

3. 选手应严格按照竞赛规程进行操作，因人为因素导致电源短路、压缩机液击、控制器烧毁等，直接取消参赛资格。

4. 选手在作答过程中不能擅自离开比赛工位，不得大声喧哗，参赛队伍之间严禁互相讨论，如有问题应举手向评委示意。

5. 选手在保压、抽真空操作时，应填写保压、抽真空记录表，并需评委签字确认。要求空调系统保压时间不少于 20min，抽真空时间不少于 30min；冰箱系统保压时间不少于 30min，抽真空时间不少于 40min。

6. 制冷剂充注量要适量，禁止由制冷系统向赛场排放制冷剂。

7. 凭评委签字后的冰箱保压记录表，领取 R600a 制冷剂。

8. 在评委宣布比赛结束时，选手应立即停止作答，并按要求离开赛场，除自带工具外，不得将任何材料和文档带离赛场。

9. 比赛总时间为 4h。

比 赛 试 题

任务 1　喇叭口制作。(6 分)

工艺要求：

1. 喇叭口内壁光滑，外延无毛刺。

2. 喇叭口外延光滑，无偏心。

3. 喇叭口外延厚度均匀，无裂痕。

考核内容：

1. 截取直径为 1/4in、长度为 110mm 的铜管两段，制作两个喇叭口。

2. 截取直径为 3/8in、长度为 110mm 的铜管两段，制作两个喇叭口。

任务 2　杯形口制作。(6 分)

工艺要求：

1. 杯形口内壁光滑，外延无毛刺。

2. 杯形口杯沿无破裂，四周相平。

3. 杯形口无褶皱。

考核内容：

1. 截取 ϕ6mm、长度为 120mm 的铜管两段，制作两个杯形口，杯形口长度 $L \geqslant 6$mm，详见图 13-1。

2. 截取直径 3/8in、长度为 120mm 的铜管两段，制作两个杯形口，杯形口长度 $L \geqslant 8$mm，详见图 13-1。

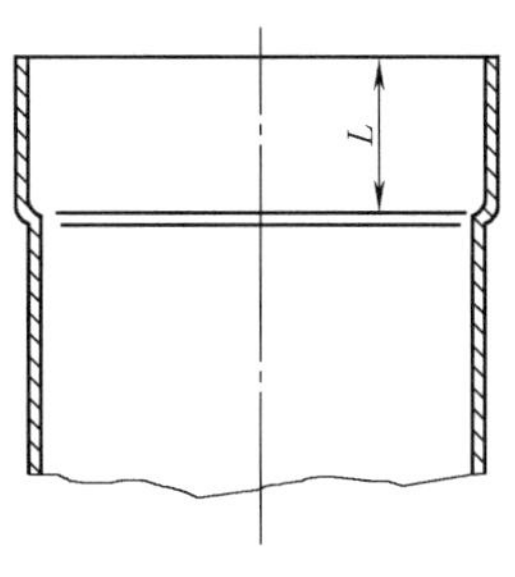

图 13-1　杯形口制作

任务 3　弯管制作（8 分）。

工艺要求：

1. 所制作铜管角度误差 ±3°。

2. 所制作铜管无压扁。

考核内容：

1. 取直径 1/4in、长度为 260mm 铜管一段，将其折弯 135°，中心轴位置如图 13-2 所示。

2. 取 ϕ8mm、长度为 260mm 的铜管一段，将其折弯 90°，中心轴位置如图 13-3 所示。

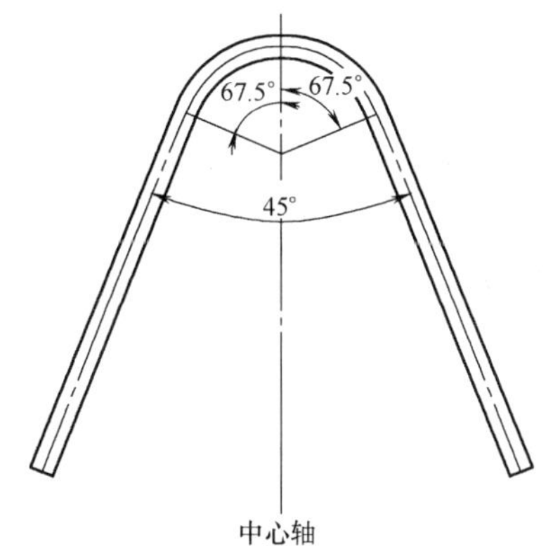

图 13-2　135°弯管中心轴位置

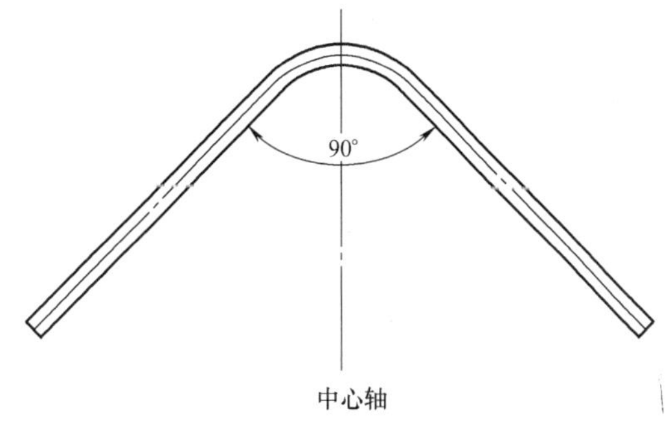

图 13-3　90°弯管中心轴

3. 取直径为 3/8in、长度为 260mm 的铜管一段，制作 U 形管，中心轴位置如图 13-4 所示。

4. 取 ϕ8mm、长度为 400mm 的铜管一段，将其折成 S 形，如图 13-5所示。

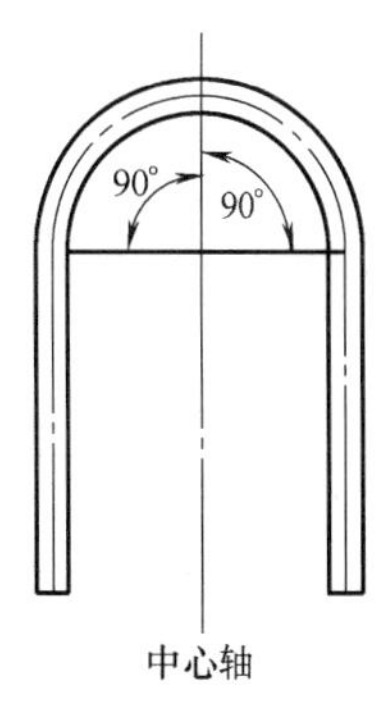

图 13-4　U 形管中心轴位置

任务 4　空调系统组装。（15 分）

工艺要求：

1. 管路走向要横平竖直。

2. 管路弯折处无压扁。

3. 各螺母连接处铜管无扭曲。

考核内容：

1. 利用赛场提供的材料及工具，完成空调系统管路制作与组装（见图 13-6）。

2. 根据组装的空调系统绘制流程图，并在图中注明主要器件名称，标注空调器工作在制热状态时制冷剂的流向。

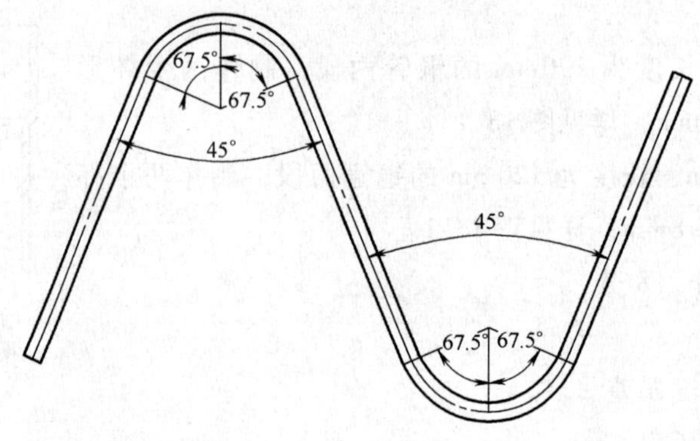

图 13-5 S形管

3. 绘制四通电磁换向阀的结构示意图，并简要说明其工作原理。

任务5 冰箱系统组装。(10分)

工艺要求：

1. 管路走向要横平竖直。

2. 管路弯折处无压扁。

3. 各螺母连接处铜管无扭曲。

考核内容：

1. 利用赛场提供的材料及工具，完成冰箱系统管路制作与组装。

2. 根据组装的冰箱系统，绘制冰箱制冷系统流程图，并在图中注明主要器件名称。

任务6 保压与检漏。(8分)

选手在试压完成后进行保压操作，要求空调系统保压压力为1.25MPa，冰箱系统保压压力为0.8MPa，并按要求填写表13-1。

表13-1 保压操作记录表

项目名称	次数	保压开始			保压结束		
		时间	压力值/MPa	评委确认	时间	压力值/MPa	评委确认
空调制冷系统保压检漏	第一次						
	第二次						
冰箱制冷系统保压检漏	第一次						
	第二次						

注：1. 要求空调系统保压时间不少于20min，冰箱系统保压时间不少于30min。

2. 表中数据用圆珠笔或签字笔填写。

3. 表中数据文字涂改项无效。

任务7 系统电气接线。(12分)

1. 辨别室内风机及压缩机各接线端子极性，并测量各端子之间的电阻值，将测量结果填入表13-2。

2. 选择实训连接线，按照空调器挂箱（ZK-02）上的电气控制图连接空调系统电路；按照冰箱挂箱（ZK-04）上的电气控制图连接冰箱系统电路，如图13-7所示。

表 13-2 阻值测量记录表

项目名称	测量内容	测量结果/Ω	评委确认
测量和判断空调室内机及压缩机各接线端子	室内风机起动端与低速档阻值		
	室内风机起动端与中速档阻值		
	室内风机起动端与高速档阻值		
	空调器压缩机起动绕组阻值		
	空调器压缩机运行绕组阻值		

注：1. 表中数据用圆珠笔或签字笔填写。
2. 表中数据文字涂改项无效。

任务 8 冰箱系统调试（10 分）。

考核要求：

1. 严禁二次或多次抽真空。
2. 压缩机排气压力应在 0.4～0.6MPa。
3. 压缩机吸气压力应在 -0.04～-0.02MPa。
4. 压缩机运行电流应小于 0.5A。

考核内容：

1. 将冰箱系统抽真空并充注制冷剂至适量，填写表 13-3。
2. 调试冰箱系统，使冰箱系统能够正常运行。
3. 记录冰箱系统运行 15min 后，测试压缩机排气压力、吸气压力、运行电流并填入表 13-4。

任务 9 空调系统调试（15 分）。

考核要求：

压缩机吸气压力应在 0.30～0.45MPa。

考核内容：

1. 在确定空调系统气密性良好的前提下将空调系统抽真空并充注制冷剂至适量，填写表 13-3。
2. 调试空调系统，使空调系统能够正常运行。
3. 记录空调系统运行 10min 后，测试压缩机排气压力、吸气压力、压缩机的运行电流，并填入表 13-4。

表 13-3 抽真空操作记录表

项目名称	次数	抽真空开始			抽真空结束		
		时间	真空值/mmHg	评委确认	时间	真空值/mmHg	评委确认
空调系统抽真空	第一次						
	第二次						
冰箱系统抽真空	第一次						
	第二次						

注：1. 要求空调系统抽真空时间不少于 30min，冰箱系统抽真空时间不少于 40min。
2. 表中数据用圆珠笔或签字笔填写。
3. 表中数据文字涂改项无效。

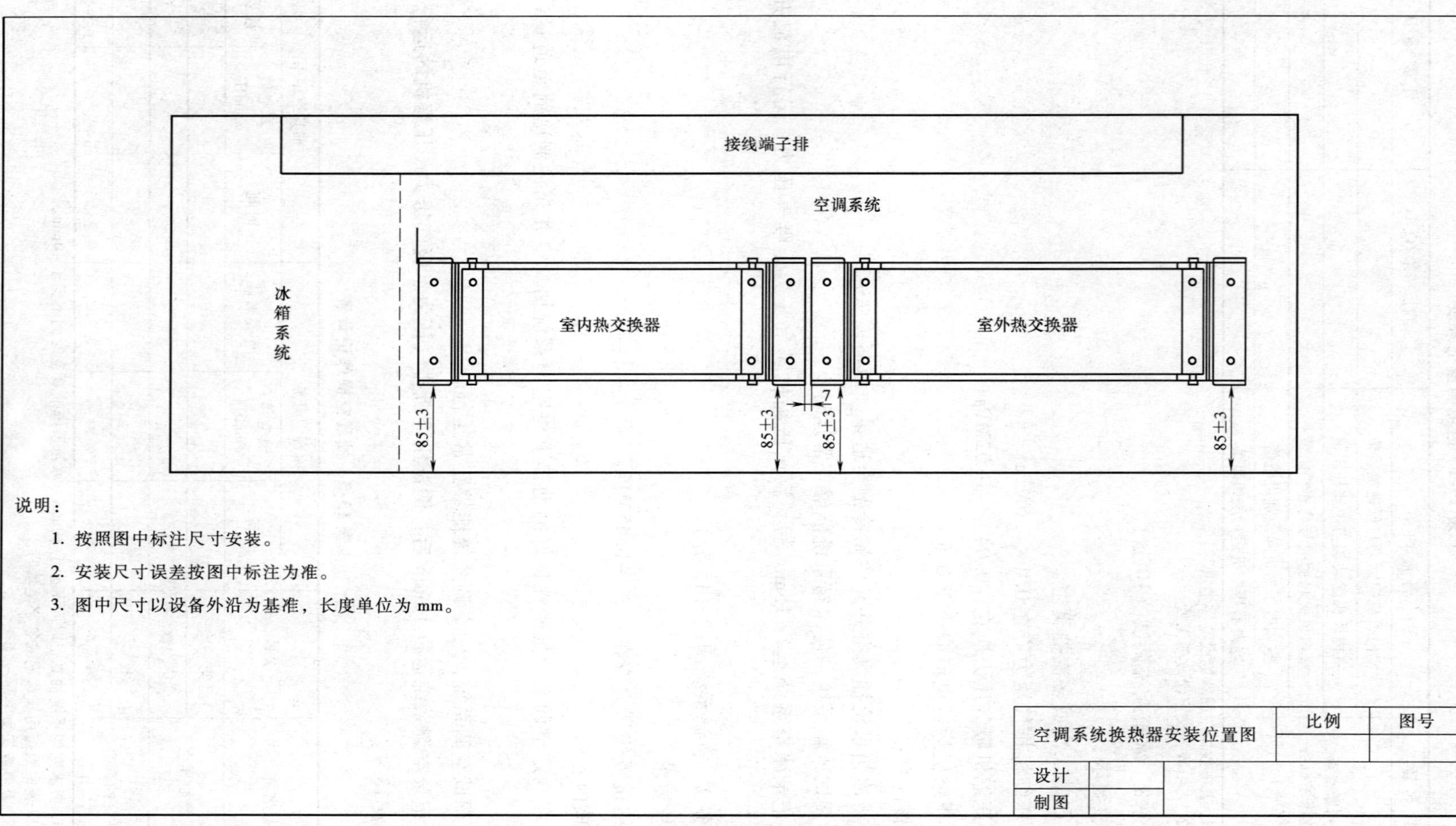

图 13-6　空调系统换热器安装位置图

端子	标注
1	电源相线L
3	电源相线L
9	空调器压缩机过热保护器一端
13	室内风机起动电容　黄线
15	室内风机　红线
17	室外风机起动电容　白线
19	室外风机　红线
21	空调器四通阀一端
23	空调器室内蒸发器管温传感器
25	空调器环境温度传感器
31	电源相线L
33	电源相线L
47	冰箱门灯一端
49	冰箱压缩机过热保护器一端
51	冰箱电磁阀一端
53	冰箱智能温控冷冻室传感器
55	冰箱智能温控冷藏室传感器
57	冰箱电子温控冷藏室传感器
59	冰箱电子温控冷冻室传感器
61	电源相线L
63	电源相线L

端子	标注
2	电源零线N
4	电源零线N
8	压缩机运行端R
10	压缩机起动端S
12	室内风机零线　黑线
14	室内风机　蓝线
16	室内风机　白线
18	室外风机　蓝线
20	空调器四通阀一端
22	空调器室内蒸发器管温传感器
24	空调器环境温度传感器
32	电源零线N
34	电源零线N
48	冰箱门灯一端
50	冰箱压缩机PTC起动器一端
52	冰箱电磁阀一端
54	冰箱智能温控冷冻室传感器
56	冰箱智能温控冷藏室传感器
58	冰箱电子温控冷藏室传感器
60	冰箱电子温控冷冻室传感器
62	电源零线N
64	电源零线N

图 13-7　电气接线图

表 13-4　运行调试记录表

项目名称	项 目 内 容	空调系统	评委确认	冰箱系统	评委确认
通电 试运行	系统运行开始时间				
	系统运行结束时间				
	压缩机吸气压力值/MPa				
	压缩机排气压力值/MPa				
	压缩机的运行电流/A				

注：1. 要求空调系统运行20min后记录上表中数据，冰箱系统运行20min后记录上表中数据。
2. 表中数据用圆珠笔或签字笔填写。
3. 表中数据文字涂改项无效。

任务10　职业素质和安全操作（10分）。

考核内容：

1. 遵守赛场纪律，爱护赛场设备。
2. 工位环境整洁，工具摆放整齐。
3. 具体操作均符合安全操作规程。

赛题十三　评分细则

<table>
<tr><th>任务</th><th>评分内容</th><th>评分要素</th><th>配分</th><th>评 分 标 准</th></tr>
<tr><td>1</td><td>喇叭口制作(6分)</td><td>用切管器截取铜管,并二端倒角,然后用扩管器制作喇叭口</td><td>6</td><td>材料选择错误或损坏制作工具,本项得0分
截取的铜管长度超出110mm ±2mm,扣1分
数量不够扣2分
喇叭口内壁粗糙或外延有毛刺,扣1分
喇叭口偏心或喇叭口外延厚度不均,扣1分
喇叭口有裂纹扣1分</td></tr>
<tr><td>2</td><td>杯形口制作(6分)</td><td>用切管器截取铜管,并二端倒角,然后用胀管器制作杯形口</td><td>6</td><td>材料选择错误或损坏制作工具,本项得0分
截取的铜管长度超出120mm ±2mm,扣1分
数量不够扣1分
杯形口深度不符合要求,扣1分
杯形口内壁粗糙或外延有毛刺,扣1分
杯形口偏心或四周不平,扣1分
杯形口有裂纹或褶皱,扣1分</td></tr>
<tr><td>3</td><td>弯管制作(8分)</td><td>用切管器截取铜管,并二端倒角,然后用弯管器弯制铜管</td><td>8</td><td>材料选择错误或损坏制作工具,本项得0分
截取的铜管长度超出规定尺寸 ±2mm,扣2分
数量不够扣2分
管件两端不对称,扣2分
管件角度误差超出 ±3°,扣1分
管件有裂纹、褶皱或压扁,扣1分</td></tr>
<tr><td rowspan="3">4</td><td rowspan="3">空调系统组装
(15分)</td><td>制冷系统管路制作和组装</td><td>10</td><td>损坏工具或未按图安装换热器,本项得0分
设备安装尺寸超出 ±3mm,扣2分
空调器管路安装不横平竖直,扣2分
组件安装不牢固,扣2分
管子压扁或扭曲,扣1分
抽检喇叭口有褶皱、锐边、内壁划痕等现象,扣1分
没有套保温管或多套保温管,扣1分
塑料端盖未安装或安装不完全,扣1分</td></tr>
<tr><td>绘制空调制冷系统流程图</td><td>3</td><td>图样上欠缺零部件,扣1分
名称标注不全对,扣1分
制冷剂的流向标注错误,扣1分</td></tr>
<tr><td>绘制四通电磁换向阀结构示意图</td><td>2</td><td>未能正确绘制结构示意图,扣1分
未能正确描述工作原理,扣1分</td></tr>
<tr><td rowspan="2">5</td><td rowspan="2">冰箱系统组装
(10分)</td><td>制冷系统管路制作和组装</td><td>7</td><td>管路安装不横平竖直,扣2分
组件安装不牢固,扣2分
管子压扁或扭曲,扣2分。
塑料端盖未安装或安装不完全,扣1分</td></tr>
<tr><td>绘制电冰箱制冷系统流程图</td><td>3</td><td>图样上欠缺零部件,扣1分
名称标注不全对,扣1分
制冷剂的流向标注错误,扣1分</td></tr>
</table>

（续）

任务	评分内容	评分要素	配分	评分标准
6	保压与检漏(8分)	使用专用充氮管路向制冷系统保压，用自制肥皂水检漏	8	不进行吹污操作，扣1分 冰箱保压压力没有控制在0.8MPa±0.02MPa或空调保压压力没有控制在1.25MPa±0.05MPa，扣2分 保压时间不足，扣2分 压力值下降，扣2分 肥皂水未清理，扣1分 重做每次扣3分
7	系统电气接线（12分）	根据大赛提供的电线和配件按图接线	9	导线选择不合理，扣2分 强弱电导线没有按要求分离布线，扣1分 组件外露引线没有套热塑管，扣1分 导线焊接不牢固或恢复绝缘不良，扣1分 电源端子的安全插线没有区分颜色，扣1分 接线端子的导线没有镀锡、露铜等，扣1分 没有恢复端子排绝缘端子盖，扣1分 没套线码管、数字方向不一致等，扣1分
		辨别极性并测量阻值	3	万用表使用不规范，扣1分 测量参数不在有效范围内扣，0.4分/处
8	冰箱系统调试（10分）	冰箱制冷系统抽真空并充注制冷剂	10	二次抽真空，本项得0分 抽真空操作不规范，扣1分 抽真空时间不足，扣2分 抽真空重做，扣3分 冰箱制冷系统充注制冷剂量超过40g±10g，扣2分 运行时间不足，扣2分 参数测量不在有效范围内，扣1分/处
9	空调系统调试（15分）	空调制冷系统抽真空并充注制冷剂	15	抽真空操作不规范，扣2分 抽真空时间不足，扣3分 抽真空重做，扣3分 运行时间不足，扣4分 参数测量不在有效范围内，扣2分/处
10	职业素质和安全要求(10分)	从大赛开始到结束全过程	10	遵守赛场纪律，爱护赛场设备得2分，有不尊重赛场工作人员行为，一次扣2分 大赛结束时，工具摆放整齐，工位环境整洁得2分，工作台表面遗留工具或零星材料扣1分 在操作全过程中，均符合安全操作规程得6分，每违规一项(没有造成事故)扣2分

违规扣分：

1. 在完成工作任务过程中，因操作不当导致制冷剂泄漏或熔断器熔断其中一项扣10分。造成触电或烫伤中的一项扣20分。

2. 因违规操作，损坏赛场设备扣20分。

3. 扰乱赛场秩序，干扰评委的正常工作扣20分，情节严重者，经首席评委同意，取消参赛资格。

4. 在参赛过程中作弊，经首席评委同意，取消参赛资格。

5. 冰箱提供两套系统毛细管，有电子式和智能式之分，如不按任务书要求操作，任务2以下冰箱部分均不得分。

赛题十四　操作技能任务书

一、说明

1. 本任务书的编制是以可行性、技术性和通用性为原则。

2. 本任务书依据全国职业院校技能大赛中职组电工电子技术技能竞赛规程（制冷与空调设备组装与调试部分）设计编制。

3. 本次制冷与空调设备组装与调试技能竞赛规定使用的设备是星科集团提供的XK-ZLZR1型制冷制热实训考核装置。

4. 任务完成总时间为4h。要求参赛人员在4h内完成任务书规定的全部内容，选手可以提前交卷。

5. 任务完成总分为100分，总评分表见表14-1。

6. 参赛人员入场后，先抽取比赛台位工号，然后检查比赛设备，如果没有异议，在下方填入“比赛工位正常”字样。

表14-1　竞赛总评分表

场　　次		工位号		
项　　目	任 务 名 称	配分	得分	总分
制冷与空调设备组装与调试	热泵型分体式房间空调器管道设计与组装	20		
	热泵型分体式房间空调器系统检测与调试	15		
	热泵型分体式房间空调器电气系统组装与测试	15		
	冰箱系统检测与调试	15		
	冰箱电气系统组装与测试	12		
	故障判断与解答	15		
	职业与安全意识	8		
评委签名		总用时		

二、比赛任务操作书

见表 14-2 ~ 表 14-8。

表 14-2 制冷与空调设备组装与调试竞赛任务操作书一

<table>
<tr><th>考核项目</th><th>考核内容</th><th>考核要求</th><th>配分</th><th>得分</th><th>题目要求</th></tr>
<tr><td rowspan="5">热泵型分体式房间空调器管道设计与组装</td><td>割管工艺</td><td>管口平齐光滑</td><td>2</td><td></td><td rowspan="5">1. 参赛人员从装置上拆除指定的管段,符合热泵型分体式空调器的结构,并在装置平台上,选择大赛提供的管材,以最省的铜管用量,合理地自行设计管路走向,完成空调器制冷管路系统的组装。要求布局合理、连接可靠、平整美观
2. 使用赛场提供的 ϕ6mm 铜管加工成如图 14-1 所示的形状。要求:图 14-1 中的尺寸偏差均应在 ±3mm 内
3. 截取赛场提供的 ϕ6mm 铜管 80mm,一端做圆柱形口,另一端套入对应的螺母做喇叭口
4. 管路系统安装完成后,所剩铜管的长度在 60mm 以内
5. 制作过程中若铜管报废,可向评委申请重新配发铜管,但要适当扣分</td></tr>
<tr><td>弯管工艺</td><td>角度为 90°,角度偏差在 ±5°以内;尺寸偏差 ±3mm</td><td>8</td><td></td></tr>
<tr><td>扩管工艺</td><td>喇叭口要扩得均匀,大小要适中,无毛刺、卷边、裂纹等现象</td><td>4</td><td></td></tr>
<tr><td>胀管工艺</td><td>长度适中,不歪斜</td><td>3</td><td></td></tr>
<tr><td>安装工艺</td><td>操作规范,用料省、布局合理、平整美观</td><td>3</td><td></td></tr>
<tr><td>场次</td><td></td><td>工位号</td><td>本题得分</td><td></td><td>评委签名</td></tr>
</table>

表 14-3 制冷与空调设备组装与调试竞赛任务操作书二

<table>
<tr><th>考核项目</th><th>考核内容</th><th>考核要求</th><th>配分</th><th>得分</th><th colspan="4">题目要求</th></tr>
<tr><td rowspan="4">热泵型分体式房间空调器系统检测与调试</td><td>试压检漏</td><td>操作规范、熟练,试验压力控制得当,保压时间不低于 20min</td><td>4</td><td></td><td colspan="4" rowspan="4">1. 在进行保压检漏前,用 0.8 ~ 1.0MPa 氮气对空调制冷系统进行分段吹污
2. 将 1.2MPa 氮气充入空调制冷系统,进行保压检漏,自检不漏后,开始申请保压,保压时间为 20min。保压开始及结束时,参赛人员应举手示意,由参赛人员在表中记录实训台压力表的压力值和保压时间(如果发现有泄漏部位,应重新进行上述操作,直到不漏为止)
3. 空调制冷系统抽真空不少于 30min,抽真空开始及结束时,参赛人员应举手示意,由参赛人员在表中记录开始及结束的时间
4. 参赛人员完成任务三后再对系统进行制冷剂充注和制冷剂回收操作(回收到冷凝器)
5. 禁止将制冷系统或制冷剂钢瓶中的制冷剂向赛场排放,如由于操作不当造成向赛场排放制冷剂,作违规操作处理</td></tr>
<tr><td>抽真空</td><td>操作规范、熟练,真空度控制得当,抽真空时间不低于 30min</td><td>4</td><td></td></tr>
<tr><td>充注制冷剂</td><td>操作规范、熟练,充注量控制得当</td><td>4</td><td></td></tr>
<tr><td>回收制冷剂</td><td>操作规范、熟练,运行模式选用适当</td><td>3</td><td></td></tr>
<tr><td>系统保压</td><td>开始时间</td><td></td><td>压力值/MPa</td><td></td><td>结束时间</td><td></td><td>压力值/MPa</td><td></td></tr>
<tr><td>系统抽真空</td><td>开始时间</td><td></td><td>压力值/MPa</td><td></td><td>结束时间</td><td></td><td>压力值/MPa</td><td></td></tr>
<tr><td>场次</td><td></td><td>工位号</td><td></td><td></td><td>本题得分</td><td></td><td>评委签名</td><td></td></tr>
</table>

表 14-4 制冷与空调设备组装与调试竞赛任务操作书三

<table>
<tr><th>考核项目</th><th>考核内容</th><th colspan="3">考 核 要 求</th><th>配分</th><th>得分</th><th colspan="3">题 目 要 求</th></tr>
<tr><td rowspan="4">热泵型分体式房间空调器电气系统组装与测试</td><td>压缩机绕组检测</td><td colspan="3">正确判别压缩机的公共端子、起动端子和运行端子,测量并记录阻值:
R_{CS} = R_{CR} = R_{SR} =</td><td>4</td><td></td><td colspan="3" rowspan="4">1. 根据大赛提供的线材和装置上的“空调电气控制模块”原理图以及图 14-2,连接空调系统的电气线路
2. 所有的导线必须放置在线槽内
3. 空调制冷系统自检合格后,将遥控器调为制热状态,温度设定为 28℃,风速为高速。通电运行前,参赛人员举手示意,并在表中记录开始运行时间。运行 20min 后,参赛人员应举手示意,由参赛人员在表中记录当前时间及压缩机的吸气压力值和压缩机的运行电流值
4. 电气系统如有故障,需进行完故障排除后再继续通电运行(挂箱内电气部件无故障)</td></tr>
<tr><td>室内风机绕组检测及三档风速抽头判别</td><td colspan="3">正确判别室内风机电动机的抽头</td><td>3</td><td></td></tr>
<tr><td>室外风机绕组检测</td><td colspan="3">正确判别室外风机电动机的抽头,测量并记录绕组的阻值:
R_{CS} = R_{CR} = R_{SR} =</td><td>3</td><td></td></tr>
<tr><td>系统接线、线路铺设与连接</td><td colspan="3">线路层次分明
连接牢固
线路连接正确</td><td>5</td><td></td></tr>
<tr><td>通电测试</td><td>开始时间</td><td></td><td>结束时间</td><td></td><td colspan="2">压缩机吸气压力/MPa</td><td></td><td>压缩机运行电流/A</td><td></td></tr>
<tr><td>场次</td><td></td><td>工位号</td><td></td><td>本题得分</td><td colspan="2"></td><td>评委签名</td><td></td><td></td></tr>
</table>

表 14-5 制冷与空调设备组装与调试竞赛任务操作书四

<table>
<tr><th>考核项目</th><th>考核内容</th><th colspan="3">考核要求</th><th>配分</th><th>得分</th><th colspan="3">题 目 要 求</th></tr>
<tr><td rowspan="4">冰箱系统检测与测试</td><td>管路组装</td><td colspan="3">熟练使用工具;用料省、布局合理、平整美观;弯管角度为 90°,角度偏差在 ±5°以内;喇叭口要扩得均匀,大小适中,无毛刺、卷边、裂纹等现象</td><td>5</td><td></td><td colspan="3" rowspan="4">1. 参赛人员从装置上拆除指定的管段,在装置平台上,选择大赛提供的管材,以最省的铜管用量,合理地自行设计管路走向,完成电冰箱管路系统的组装。要求布局合理、连接可靠、平整美观
2. 制冷系统充入 0.8MPa 的氮气进行检漏、保压。参赛人员举手示意并在表中记录实训台压力表的压力值和保压时间
3. 在充注制冷剂和调试过程中由于操作不当向赛场空间排放制冷剂,将适当扣分
4. 用装置上的“智能温控式冰箱电气控制模块”进行调试。将冷藏室温度设定为 2℃,冷冻室温度设定为 -18℃,冰箱正常运行一段时间后,运行电流、压力在正常工作范围内</td></tr>
<tr><td>试压、检漏</td><td colspan="3">操作规范、熟练,试验压力控制得当,且保压时间不低于 20min</td><td>3</td><td></td></tr>
<tr><td>抽真空</td><td colspan="3">操作规范、熟练,真空度控制得当,且抽真空时间不低于 30min</td><td>2</td><td></td></tr>
<tr><td>充注制冷剂以及测试</td><td colspan="3">操作规范、熟练,充注量控制得当</td><td>5</td><td></td></tr>
<tr><td>系统保压</td><td>开始时间</td><td></td><td>压力值/MPa</td><td colspan="2"></td><td>结束时间</td><td></td><td>压力值/MPa</td><td></td></tr>
<tr><td>系统抽真空</td><td>开始时间</td><td></td><td>压力值/MPa</td><td colspan="2"></td><td>结束时间</td><td></td><td>压力值/MPa</td><td></td></tr>
<tr><td>场次</td><td></td><td>工位号</td><td></td><td colspan="3">本题得分</td><td></td><td>评委签名</td><td></td></tr>
</table>

表 14-6　制冷与空调设备组装与调试竞赛任务操作书五

考核项目	考核内容	考核要求	配分	得分	题目要求
冰箱电气系统组装与测试	压缩机接线端子判别	正确判别压缩机接线端子并记录绕组阻值： R_{CS} = 　R_{CM} =	3		1. 对压缩机运转绕组和起动绕组进行阻值测量与判别 2. 要求参赛人员根据装置上的电冰箱电气原理图对PTC起动器和热保护器正确接线、安装与测量 3. 电磁阀正确接线
	起动器接线与安装	能正确安装起动器并接线，测量并记 PTC 阻值：PTC 阻值 =	2		
	电磁阀接线	能对电磁阀正确接线	2		
	系统接线、线路敷设与连接	线路层次分明 连接牢固 线路连接正确	5		
场次		工位号		本题得分	评委签名

表 14-7　制冷与空调设备组装与调试竞赛任务操作书六

考核项目	考核内容	考核要求	配分	得分	题目解答
故障判断与解答	空调系统故障判断与解答	根据实训装置上的原理图和实训经验，正确回答以下问题： 空调器在制热时，压缩机和室外风机电动机正常运转，但调节高、中、低档风速状态时室内风机均不运转，出现此故障的原因有哪些？应在实训装置上测试哪些接线端子？在通电还是断电状态下如何测试？	10		
	冰箱系统故障判断与解答	根据实训装置上的实物部件和图 14-3，正确回答以下问题，列举出现该故障的原因并简述排故流程： 电子温控式冰箱在充制冷剂后，通电运行时，排气压力达到 2.0MPa 左右，而吸气压力达到 -0.1MPa，出现此故障的原因是什么？怎样判断故障部位？	5		
场次		工位号		本题得分	评委签名

表 14-8　制冷与空调设备组装与调试竞赛任务操作书七

考核项目	考核内容	考核要求	配分	得分	题目要求
职业与安全意识	用电安全	严格遵守安全用电的相关规定	3		1. 参赛人员要严格按照以上考核内容进行操作，如果以上操作出现任何一次有严重违背用电安全条例，危及人身安全的，扣除本题全部得分 2. 仪表正确使用，如果造成仪表损坏，扣除本题全部得分 3. 将工具，仪器、仪表等全部整理到桌面并摆放整齐
	仪表使用	正确使用仪表，不出现造成仪表损坏的操作	3		
	现场整理	及时清理现场	2		
场次		工位号		本题得分	评委签名

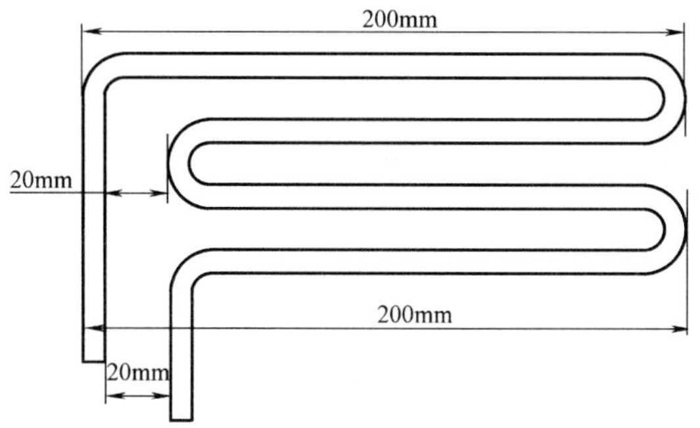

图 14-1　工件一

1	电源相线L	2	电源零线N
3	电源相线L	4	电源零线N
5	空调器压缩机公共端	6	空调器压缩机运行端
7	空调器压缩机起动端	8	室外风机公共端
9	室外风机运行端	10	室外风机起动端
11	室内风机 高速	12	室内风机 中速
13	室内风机 低速	14	室内风机起动端
15	室内风机零线	16	四通换向阀
17	四通换向阀	18	室内环境温度传感器
19	室内环境温度传感器	20	室内管路温度传感器
21	室内管路温度传感器	22	
23		24	
25		26	
27		28	
29		30	
31	电源相线L	32	电源零线N
33	电源相线L	34	电源零线N
35	冰箱压缩机公共端	36	冰箱压缩机PTC起动器端
37	管道加热器接压缩机端	38	电磁阀火线
39	电磁阀零线	40	冷藏室温度传感器
41	冷藏室温度传感器	42	冷冻室(除霜)温度传感器
43	冷冻室(除霜)温度传感器	44	门开关
45	门开关	46	箱内照明灯 正极
47	箱内照明灯 负极	48	

图 14-2　电气接线图

赛题十五　操作技能任务书

一、说明

1. 本任务书的编制是以可行性、技术性和通用性为原则。

2. 本任务书依据全国职业院校技能大赛（中职组）“制冷与空调设备组装与调试”的具体工作要求及原劳动部、国家贸易部联合颁布的“中华人民共和国制冷设备维修工职业技能鉴定规范考核大纲”（中级工）设计编制的。

3. 任务完成总时间为4h。

4. 本任务书总分为100分。

二、任务

任务1　基础理论填空。(8分)

1. 制冷系统的蒸发温度是指液体制冷剂在一定压力下（　　）时的饱和温度。

2. 热力学温标4.2K相当于摄氏温标（　　）。

3. 压力测量中，真空度、大气压力和绝对压力的关系是（　　）。

4. 简单制冷系统的四大主要部件中，能够产生冷量的部件是（　　）。

5. 制冷剂的饱和温度与过冷液体温度之差称为（　　）。

6. 二氟一氯甲烷的代号为（　　）。

7. 家用冰箱中，冷凝器的放置方式有（　　）和（　　）。(此题两空都答对得1分)

8. 扩管器夹紧铜管前，露出夹具的表面高度应（　　）涨头的深度。

任务2　按照赛场提供的THRHZK—1型“现代制冷与空调系统技能实训装置”（简称“装置”，下同），绘制智能型冰箱和热泵型分体式空调制冷系统流程图，按照所绘制的流程图选择大赛提供的管材，经济、合理地自行设计管路走向，组装冰箱和空调的制冷系统。(20分)

具体要求：

1. 绘制双门双温双控冰箱制冷系统流程图，并注明五个主要部件的名称以及制冷系统中制冷剂的流向。

2. 绘制热泵型分体式空调制冷系统流程图，并注明五个主要部件的名称以及制热时制冷系统中制冷剂的流向。

3. 按照图15-1中部件位置的要求，将室内热交换器和室外热交换器安装到位，安装位置尺寸误差为±3mm。

4. 按照所绘制的制冷系统流程图，以节省铜管为原则，完成冰箱和空调制冷系统管路的设计制作，组装冰箱和空调制冷系统，要求布局合理、连接可靠、美观。

任务 3　按照“中华人民共和国制冷设备维修工职业技能鉴定规范考核大纲”（简称为“大纲”，下同）的要求，完成冰箱和空调制冷系统的保压检漏。（10 分）

具体要求：

1. 在进行保压检漏前，用 0.8～1.0MPa 氮气对冰箱、空调制冷系统进行分段吹污。

2. 在冰箱的制冷系统中充入氮气使其压力达到 0.8MPa，在空调的制冷系统中充入氮气使其压力达到 1.2MPa，充注氮气完成后进行保压检漏，自检不漏后，开始申请保压。空调器的保压时间为 20min，冰箱的保压时间为 30min。保压开始及结束时，参赛人员应举手示意，由参赛人员在表 15-1 中记录保压开始和结束时间以及实训台上低压表的压力值，并由评委签字确认。

3. 如果发现有泄漏部位，应重新进行上述操作，直到不漏为止。

表 15-1　保压操作记录表

项目名称	次数	保压开始			保压结束		
		时间	压力值/MPa	评委确认	时间	压力值/MPa	评委确认
空调制冷系统的保压检漏	第一次						
	第二次						
	第三次						
冰箱制冷系统的保压检漏	第一次						
	第二次						
	第三次						

注：1. 要求空调系统保压时间不少于 20min，冰箱系统保压时间不少于 30min。
2. 表中数据用圆珠笔或签字笔填写。
3. 表中数据文字涂改项无效。

任务 4　按照图 15-2 电气接线图进行空调、冰箱的电路连接。（15 分）

具体要求：

1. 根据大赛赛场提供的各种电线和配件，连接空调系统和冰箱系统的电气线路。

2. 所有的电线必须布放在线槽内。

3. 测量空调器室内风机、温度传感器及压缩机各接线端子时，参赛人员应举手示意，由参赛人员记录在表 15-2 中，并由评委签字确认。

表 15-2　阻值测量记录表

项目名称	测量内容	测量结果/Ω	评委确认
判断空调室内机、传感器及压缩机各接线端子并测量电阻	室内风机起动端与低速档阻值		
	室内风机起动端与中速档阻值		
	室内风机起动端与高速档阻值		
	环境温度传感器阻值		
	空调器压缩机起动绕组阻值		
	空调器压缩机运行绕组阻值		

注：1. 表中数据用圆珠笔或签字笔填写。
2. 表中数据文字涂改项无效。

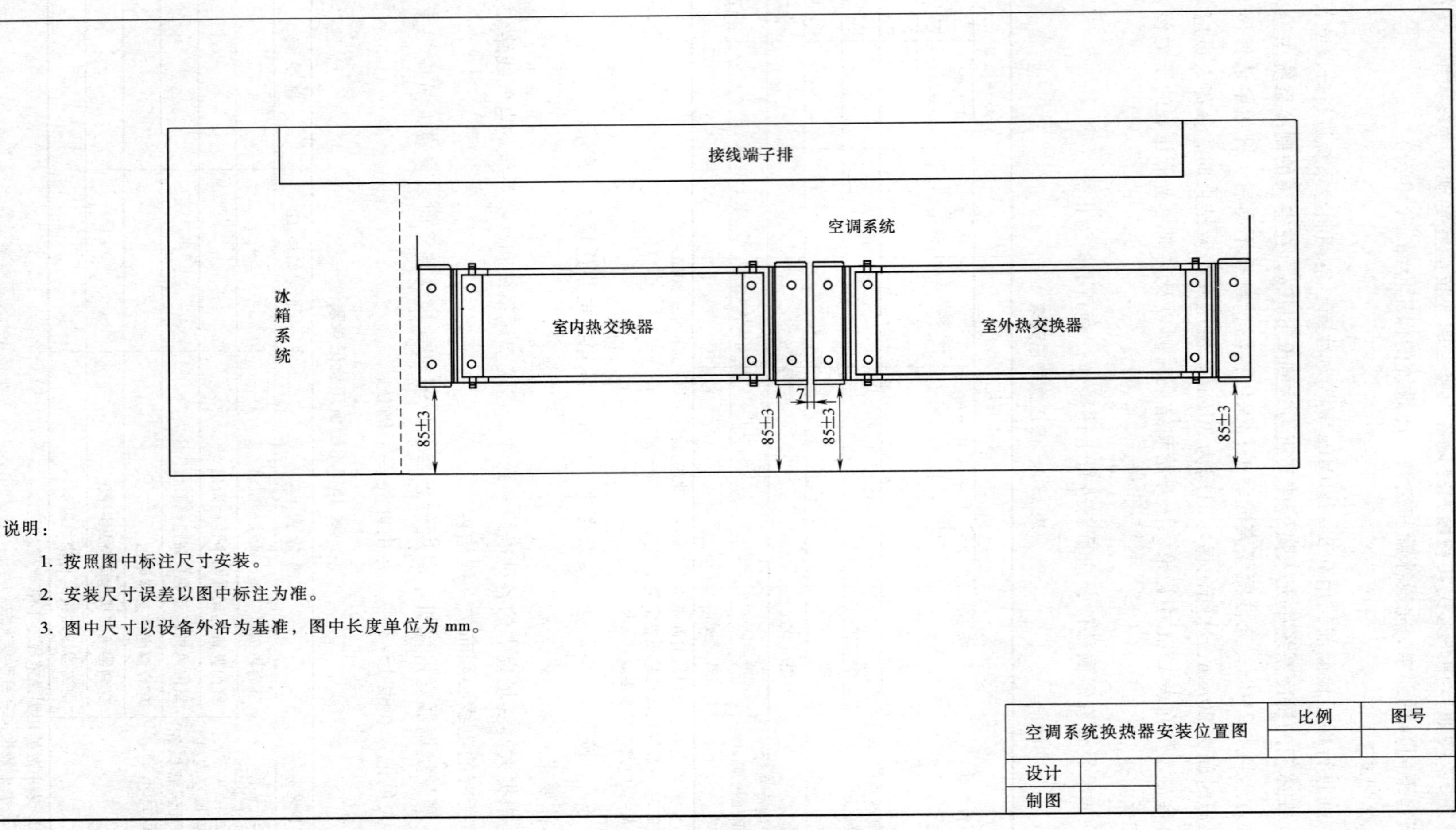

图 15-1　空调系统换热器安装位置图

端子号	接线
1	电源相线 L
3	电源相线 L
9	空调器压缩机过热保护器一端
13	室内风机起动电容　黄线
15	室内风机　红线
17	室外风机起动电容　白线
19	室外风机　红线
21	空调器四通阀一端
23	空调器室内蒸发器管温传感器
25	空调器环境温度传感器
31	电源相线 L
33	电源相线 L
47	冰箱门灯一端
49	冰箱压缩机过热保护器一端
51	冰箱电磁阀一端
53	冰箱智能温控冷冻室传感器
55	冰箱智能温控冷藏室传感器
57	冰箱电子温控冷藏室传感器
59	冰箱电子温控冷冻室传感器
61	电源相线 L
63	电源相线 L

端子号	接线
2	电源零线 N
4	电源零线 N
8	压缩机运行端 R
10	压缩机起动端 S
12	室内风机零线　黑线
14	室内风机　蓝线
16	室内风机　白线
18	室外风机　蓝线
20	空调器四通阀一端
22	空调器室内蒸发器管温传感器
24	空调器环境温度传感器
32	电源零线 N
34	电源零线 N
48	冰箱门灯一端
50	冰箱压缩机 PTC 起动器一端
52	冰箱电磁阀一端
54	冰箱智能温控冷冻室传感器
56	冰箱智能温控冷藏室传感器
58	冰箱电子温控冷藏室传感器
60	冰箱电子温控冷冻室传感器
62	电源零线 N
64	电源零线 N

图 15-2　电气接线图

任务5　按照“大纲”要求，完成冰箱和空调制冷系统抽真空及充注制冷剂。(17分)

具体要求：

1. 冰箱制冷系统抽真空时间不少于40min，空调制冷系统抽真空时间不少于30min，抽真空开始及结束时，参赛人员须举手示意，由参赛人员在表15-3中记录开始及结束的时间，并记录双表修理阀低压表的压力值，由评委签字确认。

2. 参赛人员凭评委签字确认后的表15-4，由评委带领到指定位置领取已称过重量的制冷剂罐。

3. 充注制冷剂后，参赛人员确认不再使用制冷剂时，应举手示意并持表15-4，由评委带领将制冷剂罐送至指定位置称重并由评委确认后归还。

4. 禁止将制冷系统或制冷剂钢瓶中的制冷剂向赛场排放，如由于操作不当造成向赛场排放制冷剂，作违规操作处理，即该任务不得分。

任务6　通电调试运行冰箱和空调制冷系统，使其在安全、经济的条件下达到耗功最小、效率最高的预期效果，如发现电气系统有故障，应给予排除，并测试冰箱和空调系统其他参数。(10分)

表15-3　抽真空操作记录表

项目名称	次数	抽真空开始			抽真空结束		
		时间	真空度/MPa	评委确认	时间	真空度/MPa	评委确认
空调系统抽真空	第一次						
	第二次						
	第三次						
冰箱系统抽真空	第一次						
	第二次						
	第三次						

注：1. 要求空调系统抽真空时间不少于30min，冰箱系统抽真空时间不少于40min。
　　2. 表中数据用圆珠笔或签字笔填写。
　　3. 表中数据文字涂改项无效。

表15-4　制冷剂领取记录

项目名称	项 目 内 容	冰箱系统(R600a)	评 委 确 认
充注制冷剂	制冷剂罐未充注前重量/g		已经首席评委确认
	制冷剂罐充注完后重量/g		
	制冷剂充注量/g		

具体要求：

1. 检查电气系统的故障，并进行排除，记录在表15-5中，由评委签字。(注明：挂箱内电气部件完好无故障)

2. 冰箱制冷系统自检合格后，通电启动冰箱系统。通电开始前，参赛人员应举手示意，并在表15-6中记录开始运行时间，由评委签字确认；运行20min后，参赛人员应举手示意，并由参赛人员在表15-6中记录当前时间及压缩机的吸气压力值、排气压力值及压缩机的运行电流值，由评委签字确认。

表 15-5 故障排除记录表

系统	系统故障部位	故障现象	是否排除	评委确认
空调系统				
冰箱系统				

注：1. 表中数据用圆珠笔或签字笔填写。
2. 表中数据文字涂改项无效。

3. 空调制冷系统自检合格后，将空调器调至制冷状态，室内风机调至高速档送风。通电运行前，参赛人员应举手示意，并在表 15-6 中记录开始运行时间，由评委签字确认；运行 20min 后，参赛人员应举手示意，并由参赛人员在表 15-6 中记录当前时间及压缩机的吸气压力值、排气压力值及压缩机的运行电流值，由评委签字确认。

表 15-6 系统运行调试记录表

项目名称	项目内容	空调系统	评委确认	冰箱系统	评委确认
通电试运行	系统运行开始时间				
	系统运行结束时间				
	压缩机吸气压力值/MPa				
	压缩机排气压力值/MPa				
	压缩机的运行电流/A				

注：1. 要求空调系统运行 20min 后记录以上数据，冰箱系统运行 20min 后记录以上数据。
2. 表中数据用圆珠笔或签字笔填写。
3. 表中数据文字涂改项无效。

任务 7　按照要求，选取专用工具完成下列任务。(10 分)

1. 将赛场提供的直径为 ϕ6mm 和 3/8in 的铜管，分别截取 800mm，以 80mm 为单位，切割成十段，并对每段两端作倒角处理，完成后放置于档案袋中。

2. 取上述切割好的直径为 ϕ6mm 和 3/8in 铜管各四根，选取专用工具，将其中一端制作成杯形口，完成后放置于档案袋中。

3. 取上述切割好的直径为 ϕ6mm 和 3/8in 铜管各四根，选取专用工具，将其中一端制作成喇叭口，完成后放置于档案袋中。

4. 将赛场提供的直径为 ϕ6mm 的铜管，截取 480mm，以中点为中心位置折弯成 180°(见图 15-3)，完成后放置于档案袋中。

5. 将赛场提供的直径为 3/8in 的铜管，截取 840mm，将其弯成蛇形（见图 15-4）。存放在档案袋中。

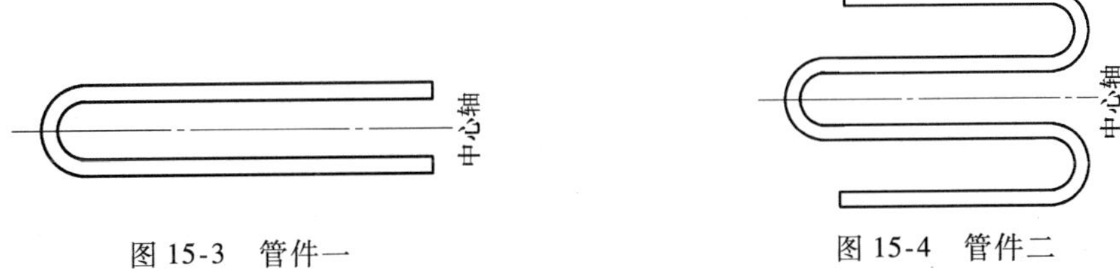

图 15-3　管件一　　图 15-4　管件二

具体要求：

1. 截取长度误差为 ±2mm。
2. 制作的杯形口、喇叭口无变形、无裂纹、无锐边。
3. 弯成 180°铜管的两端长度误差在 5mm 以内。
4. 蛇形铜管的两端长度误差在 10mm 以内。

任务 8　职业素质和安全操作。(10 分)

具体要求：

1. 遵守赛场纪律，爱护赛场设备。
2. 工位环境整洁，工具摆放整齐。
3. 具体操作均符合安全操作规程。

赛题十六　操作技能任务书

选 手 须 知

1. 选手按要求进入对应工位，并按照设备上提供的工具清单清点工具，清点完成后，参赛人员在清单表格下方签字确认。如工具数量不一致，选手在30min内，应举手向评委报告，否则评委不予处理。

2. 选手拿到试卷后，应先检查试卷完整性，并在指定位置填写工位号，待评委发出比赛开始指令后，选手才能作答，否则将取消参赛资格。

3. 选手应严格按照竞赛规程进行操作，注意遵守相关安全操作规范，因人为因素导致出现电源短路、控制器烧毁等事故或其他危及比赛现场的安全操作时，直接取消参赛资格。

4. 选手在作答过程中不能擅自离开比赛工位，不得大声喧哗，参赛队伍之间严禁互相讨论，如有问题应举手向评委报告。

5. 选手在保压、抽真空操作时，应填写保压、抽真空记录表，需评委签字确认。要求空调系统保压时间不少于20min，抽真空时间不少于30min；冰箱系统保压时间不少于30min，抽真空时间不少于40min。

6. 凭评委签字后的冰箱保压记录表，才能领取R600a制冷剂。在充注制冷剂过程中，禁止由制冷系统向赛场排放制冷剂。

7. 在评委宣布比赛结束时，选手应立即停止作答，并按要求离开赛场，除自带工具外，不得将任何材料和文档带入和带离赛场。

8. 比赛总时间为4h。

比 赛 试 题

任务1　喇叭口制作。(3分)

截取ϕ6mm、长度为110mm的铜管两段，制作2个喇叭口。

任务2　杯形口制作。(4分)

截取ϕ10mm、长度为120mm的铜管两段，制作2个杯形口，杯形口长度$L \geqslant$8mm，如图16-1所示。

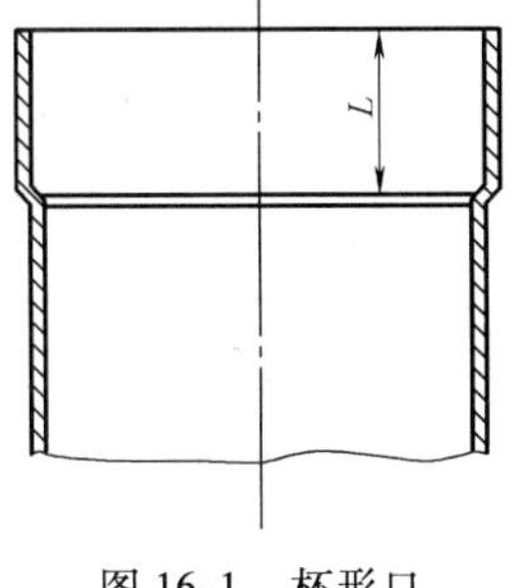

图16-1　杯形口

任务3　弯管制作。(12分)

1. 取ϕ10mm、长度为360mm的铜管一段，将其折弯至如图16-2所示。(6分)

2. 取ϕ8mm、长度为600mm的铜管一段，将其折成“M”形管，如图16-3所示。(6分)

任务4　空调系统组装（15分）。

利用赛场提供的材料及工具，完成空调系统管路制作与组装。然后，根据组装的空调系统绘制流程图，并在图中注明主要器件名称及作用，标注空调器工作在制冷状态时制冷剂的

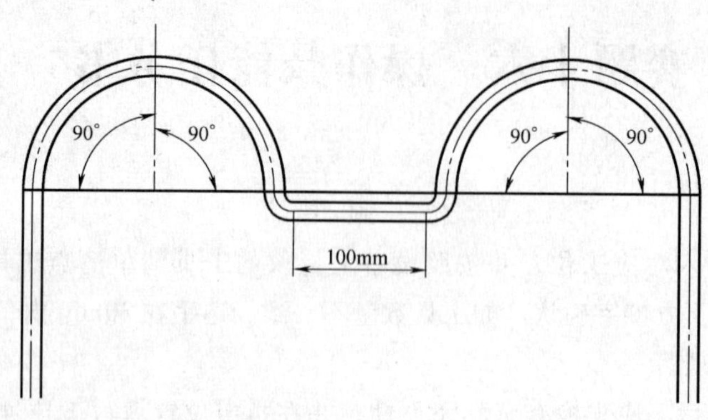

图 16-2

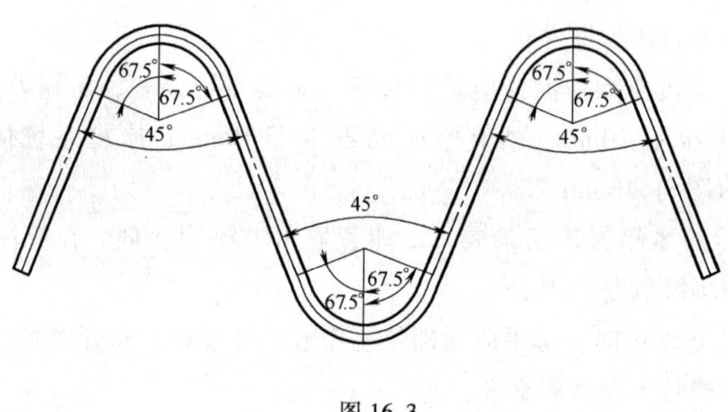

图 16-3

流向。

任务 5　冰箱系统组装。(15 分)

利用赛场提供的材料及工具，完成冰箱系统管路制作与组装。然后，根据组装的冰箱系统，绘制电冰箱流程图，并在图中注明主要器件名称、用途及制冷剂流向。

任务 6　保压与检漏。(5 分)

选手在试压完成后进行保压操作，并按要求填写表 16-1。在评委检查保压符合要求后，回答以下列问题：

1. 在多长时间内，系统压力允许多大范围的变化？(2 分)

2. 若保压后第 10h 的环境温度为 15℃，请明确保压后第 10h 后系统应具有的压力值。(3 分)

任务 7　系统电气接线。(6 分)

1. 辨别室内风机及压缩机各接线端子的极性，并将测试结果填入表 16-2。

2. 选择实训连接线，按照空调器挂箱（ZK-02）上的电气控制图连接空调系统电路；按照冰箱挂箱（ZK-04）上的电气控制图将冰箱系统的电路进行连接。

表 16-1 保压操作记录表

项目名称	次数	保压开始			保压结束		
		时间	压力值/MPa	评委确认	时间	压力值/MPa	评委确认
空调系统的保压检漏	第一次						
	第二次						
	第三次						
冰箱系统的保压检漏	第一次						
	第二次						
	第三次						

注：1. 要求空调系统保压时间不少于 20min，冰箱系统保压时间不少于 30min。
2. 表中数据用圆珠笔或签字笔填写。
3. 表中数据文字涂改项无效。

表 16-2 阻值测量记录表

项目名称	测量内容	阻值测量结果/Ω	评委确认
测量和判断空调室内机及压缩机各接线端子	室内风机起动端与低速档阻值		
	室内风机起动端与中速档阻值		
	室内风机起动端与高速档阻值		
	空调器压缩机起动绕组阻值		
	空调器压缩机运行绕组阻值		

注：1. 表中数据用圆珠笔或签字笔填写。
2. 表中数据文字涂改项无效。

任务 8 冰箱系统调试。(15 分)

将冰箱系统抽真空，并按要求填写表 16-3，然后充注制冷剂至适量。通电调试冰箱系统，使冰箱系统能够正常运行。冰箱系统运行 15min 后，记录压缩机排气压力、吸气压力、运行电流，将结果填入表 16-4 中，由评委签字评判冰箱运行正常后，回答下列问题：

1. 提出冰箱制冷系统试运行后可能出现的几种堵塞情况，并提出解决方法。(5 分)
2. 根据运行状况，在压焓图上进行状态分析，提出改进方向和具体措施。(10 分)

表 16-3 抽真空操作记录表

项目名称	次数	抽真空开始			抽真空结束		
		时间	真空度/mmHg	评委确认	时间	真空度/mmHg	评委确认
空调系统抽真空	第一次						
	第二次						
	第三次						
冰箱系统抽真空	第一次						
	第二次						
	第三次						

注：1. 要求空调系统抽真空时间不少于 30min，冰箱系统抽真空时间不少于 40min。
2. 表中数据用圆珠笔或签字笔填写。
3. 表中数据文字涂改项无效。

表 16-4　系统运行调试记录表

项目名称	项 目 内 容	空调系统	评委确认	冰箱系统	评委确认
通电试运行	系统运行开始时间				
	系统运行结束时间				
	压缩机吸气压力值/MPa				
	压缩机排气压力值/MPa				
	压缩机的运行电流/A				

注：1. 要求空调系统运行 10min 后记录上表中数据，冰箱系统运行 15min 后记录上表中数据。
2. 表中数据用圆珠笔或签字笔填写。
3. 表中数据文字涂改项无效。

任务 9　空调系统调试（15 分）。

在确定空调系统气密性良好的前提下将空调系统抽真空，并按要求填写表 16-3，并充注适量制冷剂。然后调试，使空调系统能够正常运行。空调系统运行 10min 后，记录压缩机排气压力、吸气压力、运行电流，将结果填入表 16-4 中，由评委签字评判空调器运行正常后，回答下列问题：

1. 提出空调器安装后试运转后可能引起噪声较大的原因，并提出解决方法。（5 分）

2. 根据运行状况，在焓湿图上进行状态分析，提出改进方向和具体措施。（10 分）

任务 10　职业素质和安全操作（10 分）

请结合进行制冷与空调设备组装与调试工作的体会，回答下列问题：

1. 制冷与空调设备组装与调试工作过程中，存在哪些危险有害因素，如何防范和控制？（7 分）

2. 若进入客户场地从事空调器及冰箱的维护检修工作，需要注意哪些事项？（3 分）

赛题十七　操作技能任务书

一、说明

1. 本任务书的编制是以可行性、技术性和通用性为原则。

2. 本任务书依据全国职业院校技能大赛（中职组）“制冷与空调设备组装与调试”的具体工作要求及原劳动部、国家贸易部联合颁布的“中华人民共和国制冷设备维修工职业技能鉴定规范考核大纲”（中级工）设计编制的。

3. 任务完成总时间为 4h。

4. 本任务书总分为 100 分。

二、任务

任务 1　基础理论问答。(8 分)

1. (　　) 机壳内为高压腔。

A. 曲柄连杆式全封闭压缩机　　B. 曲柄滑管式全封闭压缩机

C. 滚动转子式全封闭压缩机　　D. 电磁振荡式全封闭压缩机

2. R22 制冷系统内有空气存在，运行时将使系统的 (　　)。

A. 冷凝压力降低　　B. 冷凝压力升高

C. 蒸发压力降低　　D. 蒸发温度降低

3. 在空气的焓—湿图中，等温线与相对湿度线 $\phi=100\%$ 的交点，表示该温度下的空气处于 (　　) 状态。

A. 过饱和　　B. 未饱和　　C. 过热　　D. 饱和

4. 制冷系统非常干燥时，视液镜里可观察到的色环颜色是 (　　)。

A. 蓝色　　B. 白色　　C. 粉色　　D. 无色

5. R134a 制冷剂的化学分子式是 (　　)。

A. CHF_2CL　　B. CH_2FCF_3　　C. C_4H_{10}　　D. C_2H_2

6. 氟利昂制冷系统采用回热式制冷循环，可 (　　)。

A. 增大功耗　　B. 降低制冷量　　C. 增大制冷量　　D. 减少功耗

7. 测得某一氟利昂制冷系统的表压力为 -0.07MPa，则该系统的绝对压力是 (　　)。

A. $0.3kgf/cm^2$　　B. $0.93kgf/cm^2$　　C. $1.07kgf/cm^2$　　D. $9.3kgf/cm^2$

8. 热泵循环中的制热过程是 (　　)。

A. 制冷剂气化　　B. 制冷剂冷凝　　C. 电加热　　D. 热水加热

任务 2　按照赛场提供的 THRHZK—1 型“现代制冷与空调系统技能实训装置”（简称“装置”，下同），绘制双门双温双控冰箱和热泵型分体式空调制冷系统流程图，按照所绘制

的流程图自行设计管路组装冰箱和空调器的制冷系统。(20 分)

具体要求:

1. 绘制双门双温双控制冷系统流程图，并注明五个主要部件的名称以及制冷系统中制冷剂的流向。

2. 绘制热泵型分体式空调制冷系统流程图，并注明五个主要部件的名称以及制冷时制冷系统中制冷剂的流向。

3. 按照图 17-1 中部件位置的要求，将空调器室内外侧换热器安装到位，安装位置尺寸误差为 ±3mm。

4. 按照所绘制的制冷系统流程图，以节省铜管为原则，完成冰箱和空调制冷系统管路的设计制作。

5. 选取合适的器件组装冰箱和空调制冷系统，要求布局合理、连接可靠、美观，且流程图与所组装系统实物一一对应。

任务 3　按照“中华人民共和国制冷设备维修工职业技能鉴定规范考核大纲”(简称为“大纲”，下同)的要求，完成冰箱和空调制冷系统的保压检漏。(10 分)

具体要求:

1. 在进行保压检漏前，用氮气对冰箱、空调制冷系统进行吹污。

2. 在冰箱的制冷系统中充入氮气使其压力达到 0.8MPa，在空调制冷系统中充入氮气使其压力达到 1.2MPa，充注氮气完成后进行保压、检漏并清理检漏部位，自检不漏后申请保压，空调器的保压时间为 20min，冰箱的保压时间为 30min。保压开始及结束时，参赛人员须举手示意，由参赛人员在表 17-1 中记录保压开始时间(以赛场挂钟时间为准)以及实训台上低压表的压力值，并由评委签字确认。

3. 如果发现有泄漏部位，应重新进行上述操作，直到不漏为止。

任务 4　按照图 17-2 所示电气接线图进行空调器、冰箱的电路连接。(15 分)

具体要求:

1. 利用赛场提供的各种电线和配件，连接空调系统和冰箱系统的电气线路。

2. 所有的电线必须布放在线槽中。

3. 判断空调器室内风机与压缩机各接线端子的极性，由参赛人员在表 17-2 中记录测量数据，并由评委签字确认。

表 17-1　系统保压操作记录表

项目名称	次数	保压开始			保压结束		
		时间	压力值/MPa	评委确认	时间	压力值/MPa	评委确认
空调制冷系统的保压检漏	第一次						
	第二次						
	第三次						
冰箱制冷系统的保压检漏	第一次						
	第二次						
	第三次						

注：1. 要求空调系统保压时间不少于 20min，冰箱系统保压时间不少于 30min。

2. 表中数据用圆珠笔或签字笔填写。

3. 表中数据文字涂改项无效。

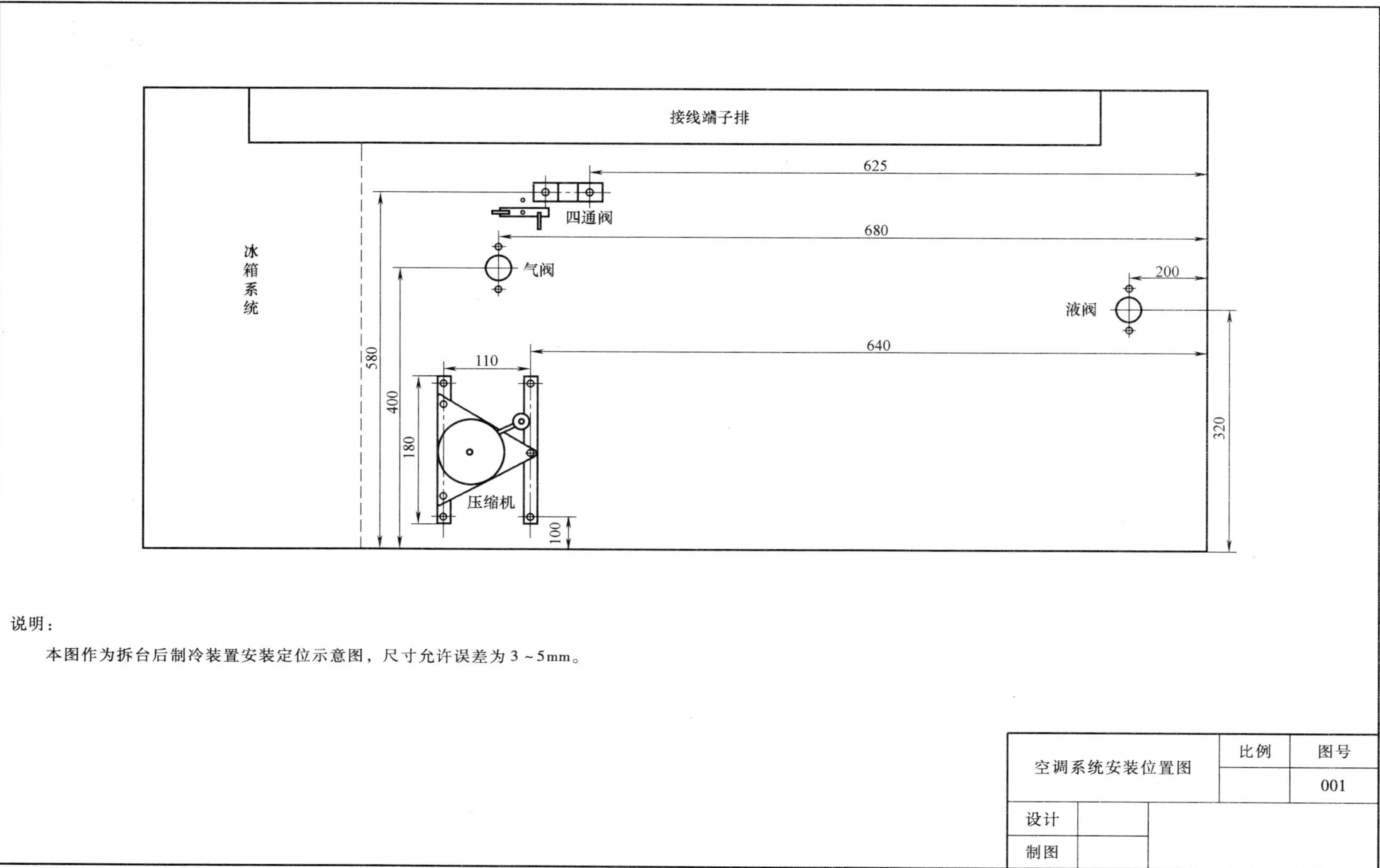

图 17-1 空调系统安装位置图

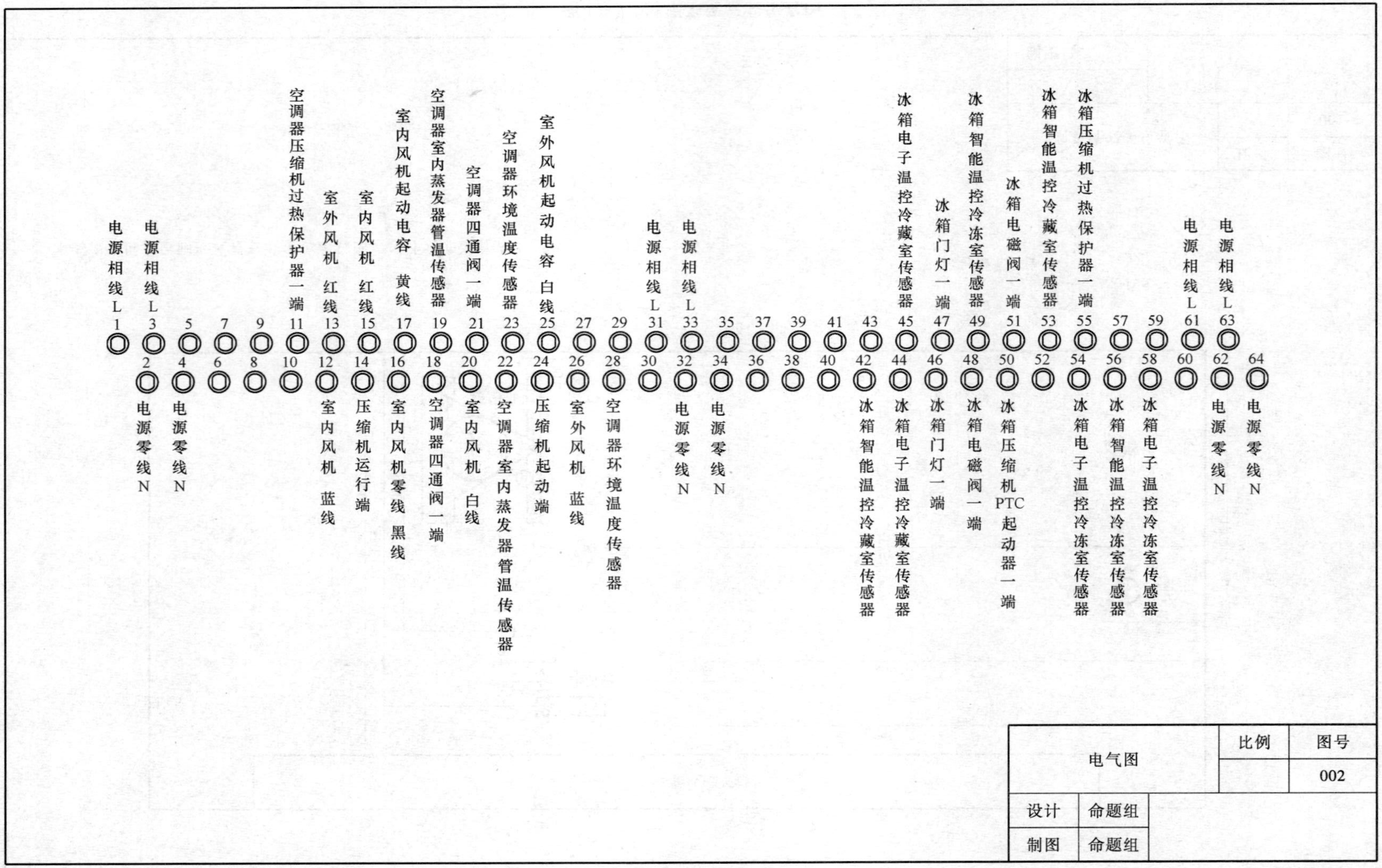

1 电源相线L
2 电源零线N
3 电源相线L
4 电源零线N
5
6
7
8
9
10
11 空调器压缩机过热保护器一端
12 室内风机 蓝线
13 室外风机 红线
14 压缩机运行端
15 室内风机 红线
16 室内风机零线 黑线
17 室内风机起动电容 黄线
18 空调器四通阀一端
19 空调器室内蒸发器管温传感器
20 室内风机 白线
21 空调器四通阀一端
22 空调器室内蒸发器管温传感器
23 空调器环境温度传感器
24 压缩机起动端
25 室外风机起动电容 白线
26 室外风机 蓝线
27
28 空调器环境温度传感器
29
30
31 电源相线L
32 电源零线N
33 电源相线L
34 电源零线N
35
36
37
38
39
40
41
42 冰箱智能温控冷藏室传感器
43
44 冰箱电子温控冷藏室传感器
45 冰箱电子温控冷藏室传感器
46 冰箱门灯一端
47 冰箱门灯一端
48 冰箱电磁阀一端
49 冰箱智能温控冷冻室传感器
50 冰箱压缩机PTC起动器一端
51 冰箱电磁阀一端
52
53 冰箱智能温控冷藏室传感器
54 冰箱电子温控冷冻室传感器
55 冰箱压缩机过热保护器一端
56 冰箱智能温控冷冻室传感器
57
58 冰箱电子温控冷冻室传感器
59
60
61 电源相线L
62 电源零线N
63 电源相线L
64 电源零线N

电气图		比例	图号
			002
设计	命题组		
制图	命题组		

图 17-2 电气接线图

表 17-2　阻值测量记录表

项目名称	测量内容	测量结果/Ω	评 委 确 认
判断空调室内机及压缩机各接线端子并测量阻值	室内风机起动端与低速档阻值		
	室内风机起动端与中速档阻值		
	室内风机起动端与高速档阻值		
	空调器压缩机起动绕组阻值		
	空调器压缩机运行绕组阻值		

注：1. 表中数据用圆珠笔或签字笔填写。
2. 表中数据文字涂改项无效。

任务 5　按“大纲”要求，完成冰箱和空调制冷系统的抽真空及充注制冷剂。(17 分)

具体要求：

1. 绘制空调系统抽真空装置的系统连接图，并按照该图连接真空泵、双表修理阀以及制冷系统。

2. 冰箱制冷系统抽真空时间不少于 40min，空调制冷系统抽真空时间不少于 30min，抽真空开始及结束时，参赛人员须举手示意，由参赛人员在表 17-3 中记录开始及结束的时间(以赛场挂钟时间为准)，并记录双表修理阀低压表的压力值，由评委签字确认。

3. 参赛人员凭评委签字确认后的表 17-4，由该评委带领到指定位置领取已称过重量的制冷剂 R600a（HC-600a）罐。

4. 充注制冷剂 R600a（HC-600a）后，参赛人员确认不再使用制冷剂 R600a（HC-600a）时，须举手示意，并持表 17-4，由评委带领将 R600a（HC-600a）制冷剂罐送至指定位置称重并由评委确认后归还。

5. 禁止将制冷系统或制冷剂罐中的制冷剂向赛场排放，如由于操作不当引起向赛场排放制冷剂，该任务不得分。

表 17-3　抽真空操作记录表

项目名称	次数	抽真空开始			抽真空结束		
		时间	真空度/mmHg	评委确认	时间	真空度/mmHg	评委确认
空调系统抽真空	第一次						
	第二次						
	第三次						
冰箱系统抽真空	第一次						
	第二次						
	第三次						

注：1. 要求空调系统抽真空时间不少于 30min，冰箱系统抽真空时间不少于 40min。
2. 表中数据用圆珠笔或签字笔填写。
3. 表中数据文字涂改项无效。

表 17-4　制冷剂领取记录

项目名称	项 目 内 容	冰箱系统(R600a)	评委确认
加注制冷剂	制冷剂罐木加注前重量/g		已经首席评委确认
	制冷剂罐加注完后重量/g		
	制冷剂加注量/g		

任务6　通电调试运行冰箱和空调制冷系统，使其在安全、经济的条件下达到耗功最小、效率最高的预期效果。(10分)

具体要求：

1. 冰箱设置状态：冷藏室温度2℃、冷冻室温度-24℃、变温室温度0℃、速冻功能off(关)、智能功能off(关)、假日功能on(开)。

2. 冰箱制冷系统自检合格后，按上述要求设置并启动冰箱系统。通电开始前，参赛人员须举手示意，并在表17-5中记录开始运行时间，由评委签字确认；运行20min后，参赛人员须举手示意，并由参赛人员在表17-5中记录当前时间及压缩机的吸气压力值、排气压力值及压缩机的运行电流值，由评委签字确认。

3. 空调制冷系统自检合格后，将空调器调至制冷状态，室内风机调至中档送风。通电开始前，参赛人员须举手示意，并在表17-5中记录开始运行时间，由评委签字确认；运行20min后，参赛人员须举手示意，并由参赛人员在表17-5中记录当前时间及压缩机的吸气压力值、排气压力值及压缩机的运行电流值，由评委签字确认。

表17-5　系统运行调试记录表

项目名称	项目内容	空调系统	评委确认	冰箱系统	评委确认
通电试运行	系统运行开始时间				
	系统运行结束时间				
	压缩机吸气压力值/MPa				
	压缩机排气压力值/MPa				
	压缩机的运行电流/A				

注：1. 要求空调系统运行20min后记录上表中数据，冰箱系统运行20min后记录上表中数据。
2. 表中数据用圆珠笔或签字笔填写。
3. 表中数据文字涂改项无效。

任务7　按照要求，选取专用工具完成下列任务。(10分)

1. 将赛场提供的直径为ϕ6mm和3/8in的铜管，分别截取500mm，以100mm为单位，切割成五段。

2. 取上述切割好的ϕ6mm和3/8in铜管各五根，选取专用工具，将其中一端制作成杯形口，另一端制作成喇叭口，完成后放置于档案袋中。

3. 将赛场提供的直径为3/8in的铜管，截取730mm，将其弯成图17-3所示的蛇形，并存放在档案袋中。

具体要求：

1. 截取长度误差为±2mm。

2. 制作的杯形口、喇叭口无变形、无裂纹、无锐边。

3. 弯成180°的蛇形铜管两端长度误差在10mm以内。

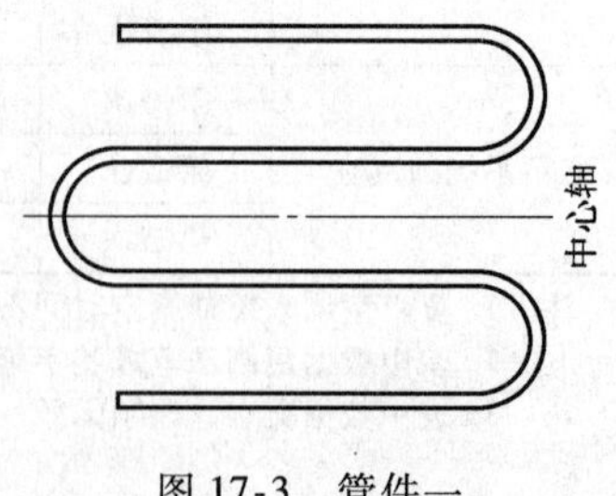

图17-3　管件一

任务8　职业素质和安全操作。(10分)

具体要求：

1. 遵守赛场纪律，爱护赛场设备。

2. 工位环境整洁，工具摆放整齐。

3. 具体操作均符合安全操作规程。

赛题十八　操作技能任务书

一、说明

1. 本任务书的编制是以可行性、技术性和通用性为原则。

2. 本任务书依据全国职业院校技能大赛（中职组）“制冷与空调设备组装与调试”的具体工作要求及原劳动部、国家贸易部联合颁布的“中华人民共和国制冷设备维修工职业技能鉴定规范考核大纲”（中级工）设计编制的。

3. 任务完成总时间为4h。

4. 本任务书总分为100分。

二、任务

任务1　基础理论问答。(8分)

1. 向冰箱制冷系统内准确充注氟利昂制冷剂时，使用（　　　）法充注。

2. 国际单位制中的压力单位0.5MPa换算为工程制中的压力应近似为（　　）kgf/cm^2。

3. 二氟一氯甲烷的代号为（　　）。

4. 系统正常运行时，由双表修理阀观测到系统低压侧压力为0.4MPa，此时系统低压侧的绝对压力是（　　）MPa。

5. 制冷系统中制冷剂冷凝液化的设备是（　　）。

6. R600a泄漏后蒸发为气态，且密度比空气大，泄漏后会像水一般流向低洼处聚集，当达到$38g/m^3$的聚集浓度后，一遇明火即会（　　　　　　　　）。

7. 扩管器加紧铜管前，露出夹具表面高度应（　　）胀头的深度。

8. 修理表阀是观察制冷系统（　　）的仪表。

任务2　按照赛场提供的THRHZK—1型“现代制冷与空调系统技能实训装置”（简称“装置”，下同），绘制电子温控冰箱和热泵型分体式空调制冷系统流程图，按照所绘制的流程图自行设计管路组装冰箱和空调制冷系统。(20分)

具体要求：

1. 绘制双门双温双控冰箱制冷系统流程图，并注明五个主要部件的名称以及制冷系统中制冷剂的流向。

2. 绘制热泵型分体式空调制冷系统流程图，并注明五个主要部件的名称以及制冷时制冷系统中制冷剂的流向。

3. 按照图18-1中部件位置的要求，将空调器室内外侧换热器安装到位，安装位置尺寸允许误差为±3mm。

4. 按照所绘制的制冷系统流程图，以节省铜管为原则，完成空调器和冰箱制冷系统管路的设计制作。

任务 3　按照“中华人民共和国制冷设备维修工职业技能鉴定规范考核大纲”（简称为“大纲”，下同）的要求，完成冰箱和空调制冷系统的保压检漏。（10 分）

具体要求：

1. 在进行保压检漏前，用氮气对冰箱、空调制冷系统进行吹污。

2. 在冰箱的制冷系统中充入氮气使其压力达到 0.8MPa，在空调制冷系统中充入氮气使其压力达到 1.2MPa，充注氮气完成后进行保压、检漏并清理检漏部位，自检不漏后申请保压，空调的保压时间为 20min，冰箱的保压时间为 30min。保压开始及结束时，参赛人员须举手示意，由参赛人员在表 18-1 中记录保压开始及结束时间（以赛场挂钟时间为准）以及实训台上低压表的压力值，并由评委签字确认。

3. 如果发现有泄漏部位，应重新进行上述操作，直到不漏为止。

表 18-1　保压操作记录表

项目名称	次数	保压开始			保压结束		
		时间	压力值/MPa	评委确认	时间	压力值/MPa	评委确认
空调制冷系统的保压检漏	第一次						
	第二次						
	第三次						
冰箱制冷系统的保压检漏	第一次						
	第二次						
	第三次						

注：1. 要求空调系统保压时间不少于 20min，冰箱系统保压时间不少于 30min。

2. 表中数据用圆珠笔或签字笔填写。

3. 表中数据文字涂改项无效。

任务 4　按照图 18-2 电气接线图进行空调器、冰箱的电路连接。（15 分）

具体要求：

1. 利用赛场提供的各种电线和配件，连接空调系统和冰箱系统的电气线路。

2. 所有的电线必须布放在线槽中。

3. 判断空调器室内风机与压缩机各接线端子的极性并测量端子之间的阻值，由参赛人员在表 18-2 中记录测量数据，并由评委签字确认。

表 18-2　阻值测量记录表

项目名称	测量内容	测量结果/Ω	评委确认
判断空调器室内机及压缩机各接线端子并测量端子之间的阻值	室内风机起动端与低速档阻值		
	室内风机起动端与中速档阻值		
	室内风机起动端与高速档阻值		
	空调压缩机起动绕组阻值		
	空调压缩机运行绕组阻值		

注：1. 表中数据用圆珠笔或签字笔填写。

2. 表中数据文字涂改项无效。

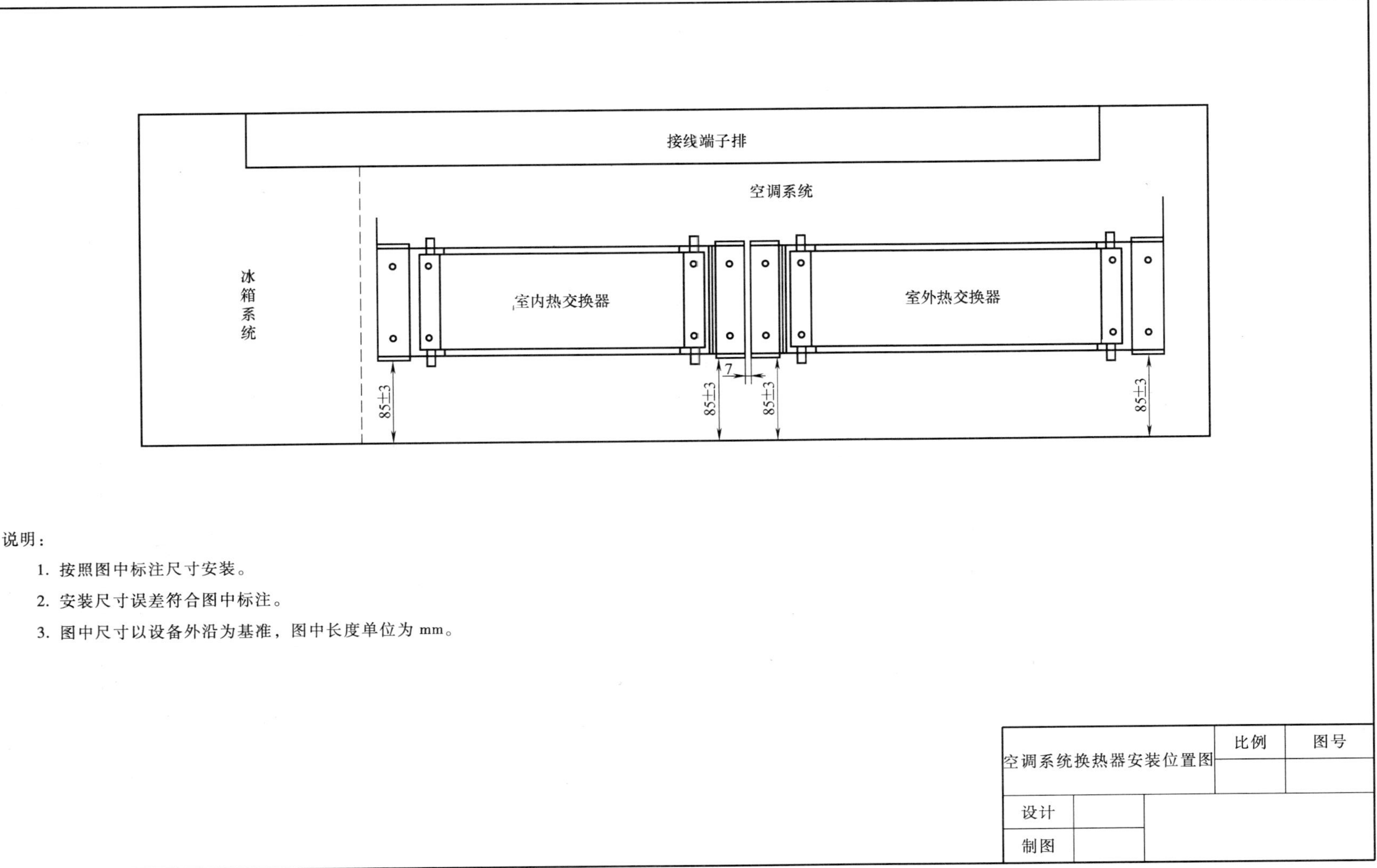

说明：

1. 按照图中标注尺寸安装。
2. 安装尺寸误差符合图中标注。
3. 图中尺寸以设备外沿为基准，图中长度单位为 mm。

空调系统换热器安装位置图	比例	图号
设计		
制图		

图 18-1　空调系统换热器安装位置图

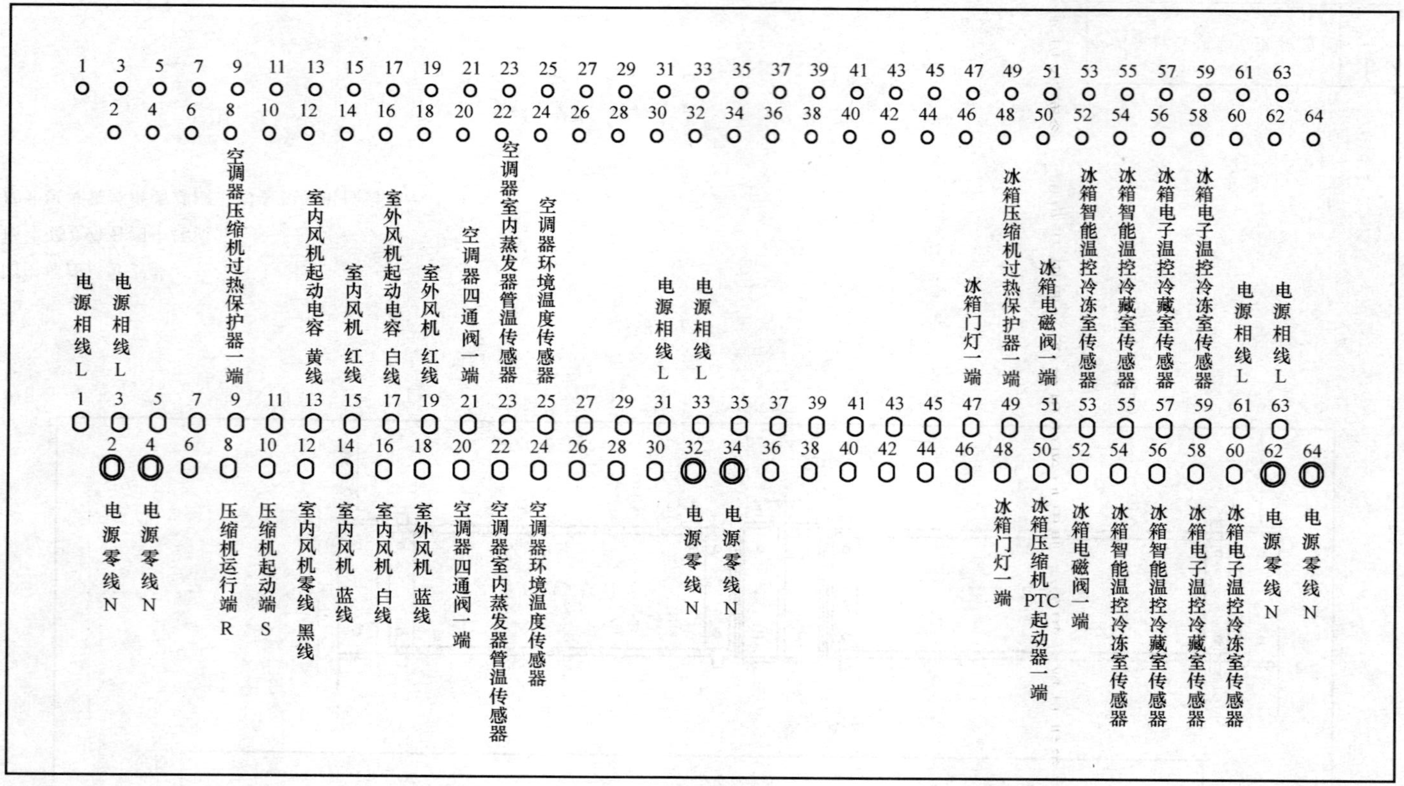

1 3 5 7 9 11 13 15 17 19 21 23 25 27 29 31 33 35 37 39 41 43 45 47 49 51 53 55 57 59 61 63
2 4 6 8 10 12 14 16 18 20 22 24 26 28 30 32 34 36 38 40 42 44 46 48 50 52 54 56 58 60 62 64

电源相线L
电源相线L
空调器压缩机过热保护器一端
室内风机起动电容 黄线
室内风机 红线
室外风机起动电容 白线
室外风机 红线
空调器四通阀一端
空调器室内蒸发器管温传感器
空调器环境温度传感器
电源相线L
电源相线L
冰箱门灯一端
冰箱压缩机过热保护器一端
冰箱电磁阀一端
冰箱智能温控冷冻室传感器
冰箱智能温控冷藏室传感器
冰箱电子温控冷藏室传感器
冰箱电子温控冷冻室传感器
电源相线L
电源相线L

1 3 5 7 9 11 13 15 17 19 21 23 25 27 29 31 33 35 37 39 41 43 45 47 49 51 53 55 57 59 61 63
2 4 6 8 10 12 14 16 18 20 22 24 26 28 30 32 34 36 38 40 42 44 46 48 50 52 54 56 58 60 62 64

电源零线N
电源零线N
压缩机运行端R
压缩机起动端S
室内风机零线 黑线
室内风机 蓝线
室内风机 白线
室外风机 蓝线
空调器四通阀一端
空调器室内蒸发器管温传感器
空调器环境温度传感器
电源零线N
电源零线N
冰箱门灯一端
冰箱压缩机PTC起动器一端
冰箱电磁阀一端
冰箱智能温控冷冻室传感器
冰箱智能温控冷藏室传感器
冰箱电子温控冷藏室传感器
冰箱电子温控冷冻室传感器
电源零线N
电源零线N

图 18-2 电气接线图

任务5　按“大纲”要求，完成冰箱和空调制冷系统抽真空及充注制冷剂。(17分)

具体要求：

1. 冰箱制冷系统抽真空时间不少于40min，空调制冷系统抽真空时间不少于30min，抽真空开始及结束时，参赛人员须举手示意，由参赛人员在表18-3中记录开始及结束的时间(以赛场挂钟时间为准)，并记录双表修理阀低压表的压力值，由评委签字确认。

2. 禁止将制冷系统或制冷剂罐中的制冷剂向赛场排放，如由于操作不当引起向赛场排放制冷剂，该任务不得分。

任务6　通电调试运行冰箱和空调制冷系统，使其在安全、经济的条件下达到耗功最小、效率最高的预期效果。(10分)

具体要求：

1. 冰箱制冷系统自检合格后，通电启动冰箱系统。通电开始前，参赛人员须举手示意，并在表18-4中记录开始运行时间，由评委签字确认；运行20min后，参赛人员须举手示意，并由参赛人员在表18-4中记录当前时间及压缩机的吸气压力值、排气压力值及压缩机的运行电流值，由评委签字确认。

2. 空调制冷系统自检合格后，将空调器调至制冷状态，室内风机调至中档送风。通电开始前，参赛人员须举手示意，并在表18-4中记录开始运行时间，由评委签字确认；运行20min后，参赛人员须举手示意，并由参赛人员在表18-4中记录当前时间及压缩机的吸气压力值、排气压力值及压缩机的运行电流值，由评委签字确认。

表18-3　抽真空操作记录表

项目名称	次数	抽真空开始			抽真空结束		
		时间	真空度/mmHg	评委确认	时间	真空度/mmHg	评委确认
空调系统抽真空	第一次						
	第二次						
	第三次						
冰箱系统抽真空	第一次						
	第二次						
	第三次						

注：1. 要求空调系统抽真空时间不少于30min，冰箱系统抽真空时间不少于40min。
2. 表中数据用圆珠笔或签字笔填写。
3. 表中数据文字涂改项无效。

表18-4　系统运行调试记录表

项目名称	项目内容	空调系统	评委确认	冰箱系统	评委确认
通电试运行	系统运行开始时间				
	系统运行结束时间				
	压缩机吸气压力值/MPa				
	压缩机排气压力值/MPa				
	压缩机的运行电流/A				

注：1. 要求空调系统运行20min后记录上表中数据，冰箱系统运行20min后记录上表中数据。
2. 表中数据用圆珠笔或签字笔填写。
3. 表中数据文字涂改项无效。

任务 7　按照要求，选取专用工具完成下列任务。(10 分)

1. 将赛场提供的直径为 ϕ6mm 和 3/8in 的铜管，分别截取 700mm，以 70mm 为单位，切割成 10 段，并对每段两端作倒角处理，完成后放置于档案袋中。

2. 取上述切割好的 ϕ6mm 和 3/8in 铜管各 5 根，选取专用工具，将其中一端制作成杯形口，另一端制作成喇叭口，完成后放置于档案袋中。

3. 将赛场提供的直径为 ϕ6mm 的铜管，截取 470mm，以中点为中心位置折弯成 180°(见图 18-3)，完成后放置于档案袋中。

4. 将赛场提供的直径为 3/8in 的铜管，截取 730mm，将其弯成如图 18-4 的蛇形，存放在档案袋中。

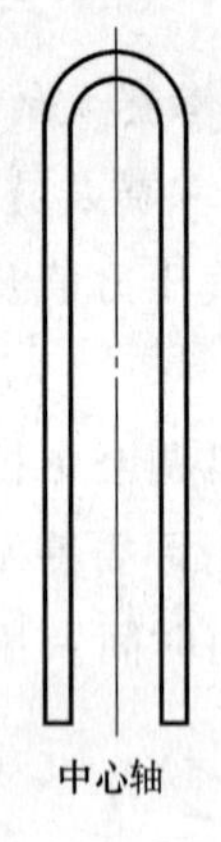

图 18-3　管件一

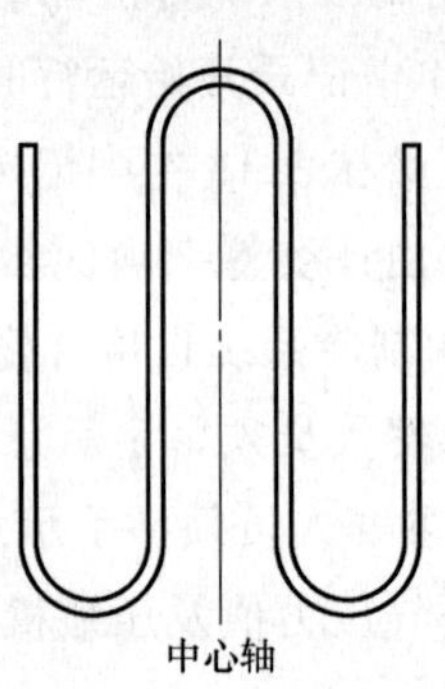

图 18-4　管件二

具体要求:

1. 截取长度允许误差为 ±2mm。

2. 制作的杯形口、喇叭口无变形、无裂纹、无锐边。

3. 弯成 180°铜管的两端长度误差在 5mm 以内。

4. 弯成 180°的蛇形铜管的两端长度误差在 10mm 以内。

任务 8　职业素质和安全操作。(10 分)

具体要求:

1. 遵守赛场纪律，爱护赛场设备。

2. 工位环境整洁，工具摆放整齐。

3. 具体操作均符合安全操作规程。

2009年全国职业院校技能大赛（中职组）“制冷与空调设备组装与调试”操作技能任务书

一、说明

1. 本任务书的编制是以可行性、技术性和通用性为原则。

2. 本任务书依据2009年全国职业院校技能大赛（中职组）“制冷与空调设备组装与调试”的具体工作要求和1995年原劳动部、国家贸易部联合颁布的“中华人民共和国制冷设备维修工职业技能鉴定规范考核大纲”（中级工）设计编制的。

3. 任务完成总时间为4h。

4. 任务完成总分为100min。

5. 本任务书适用于2009年全国职业院校技能大赛（中职组）“制冷与空调设备组装与调试”项目。

二、任务

任务1　按照要求，选取专用工具完成下列任务。(10分)

1. 按照提供长度为1000mm、直径为ϕ6mm和3/8in的铜管，以100mm为单位，切割成10段，并对每段两端作倒角处理，完成后存放在装任务书的档案袋中。

2. 取上述切好的ϕ6mm和3/8in铜管各3根，选取专用工具，将其中一端制作成杯形口，完成后存放在装任务书的档案袋中。

3. 取上述切好的ϕ6mm和3/8in铜管各3根，选取专用工具，将其中一端制作成喇叭口，完成后存放在装任务书的档案袋中。

4. 将长度为500mm、直径为3/8in的铜管，以中点为中心位置折弯成180°（见图19-1），完成后存放在装任务书的档案袋中。

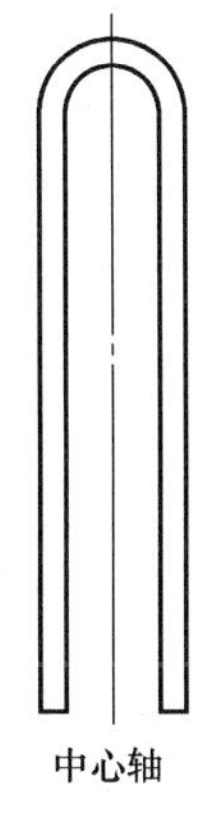

图19-1　管件一

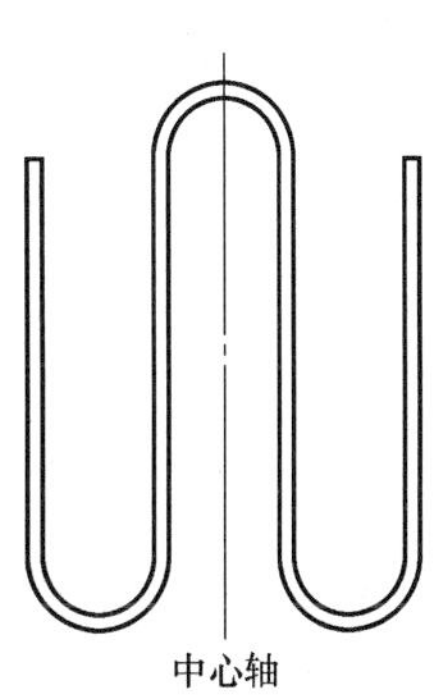

图19-2　管件二

5. 将长度为800mm、直径为 ϕ6mm 的铜管，弯成蛇形（见图19-2），完成后存放在装任务书的档案袋中。

具体要求：

1. 截取长度允许误差为±2mm。

2. 制作的杯形口、喇叭口应无变形、无裂纹、无锐边。

3. 弯成180°铜管的两端长度误差在5mm以内。

4. 弯成180°的蛇形铜管的两端长度误差在10mm以内。

任务2 按照大赛提供的THRHZK—1型“现代制冷与空调系统技能实训装置”（简称“装置”，下同），绘制冰箱和空调制冷系统流程图，并切取相应长度铜管、制作喇叭口，组装智能式冰箱和空调制冷系统，并将空调系统中所缺的设备安装到位。(20分)

具体要求：

1. 按照图19-3中部件位置的要求，将空调制冷系统部件安装到位，安装位置尺寸允许误差为±3mm。

2. 按照“装置”要求，以节省铜管为原则，完成制冷管路的设计制作，组装冰箱和空调制冷系统，要求布局合理、连接可靠、美观。

3. 按赛场提供的合格、不合格部件，选择合格的部件进行连接。

4. 按组装好的冰箱制冷系统，绘制其流程图，并注明五个主要部件的名称。

5. 按组装好的空调制冷系统，绘制其流程图，并注明五个主要部件的名称。

6. 在冰箱制冷系统流程图上，用箭头标注制冷剂的流向；在空调制冷系统流程图上，用箭头标注制热时制冷剂的流向。

任务3 按照“中华人民共和国制冷设备维修工职业技能鉴定规范考核大纲”（简称为“大纲”，下同）的要求，完成冰箱和空调制冷系统的保压检漏。(10分)

具体要求：

1. 在进行保压检漏前，用氮气对冰箱、空调制冷系统进行吹污。

2. 将0.8MPa氮气充入冰箱的制冷系统，将1.2MPa氮气充入空调制冷系统进行保压检漏并清理检漏部位，自检不漏后，开始申请保压。保压时间规定如下：空调系统为20min、冰箱系统为30min。保压开始及结束时，参赛人员须举手示意，由参赛人员在表19-1中记录保压压力（实训台低压表）和保压时间（以赛场挂钟时间为准），并由评委签字确认。

3. 如果发现有泄漏部位，应重新进行上述操作，直到不漏为止。

表19-1 保压操作记录表

序号	项目名称	次数	保压开始			保压结束		
			时间	压力值/MPa	评委确认	时间	压力值/MPa	评委确认
1	空调系统的保压检漏	第一次						
2		第二次						
3		第三次						
4	冰箱系统的保压检漏	第一次						
5		第二次						
6		第三次						

注：1. 要求空调系统保压时间不少于20min，冰箱系统保压时间不少于30min。

2. 表中数据用圆珠笔或签字笔填写。

3. 表中数据文字涂改无效。

任务4　按照图19-4所示电气图进行空调器、冰箱的电路连接。(15分)

具体要求：

1. 根据大赛提供的各种电线和配件，按任务4进行设计、选择。

2. 按强电、弱电要求，测量所需电线长度，并套上对应的号码管连接到端子排上。

3. 将电线布放在线槽内，加套管并试焊。

4. 判断空调器室内风机与压缩机各接线端子的极性，由参赛人员在表19-2中记录测量数据。

5. 按大赛提供的好、坏器件，选择好的器件进行连接。

表19-2　阻值测量记录表

序号	项目名称	测量内容	测量结果/Ω
1	判断空调器室内机及压缩机各接线端子并测量阻值	室内风机起动端与低速档阻值	
2		室内风机起动端与中速档阻值	
3		室内风机起动端与高速档阻值	
4		空调器压缩机起动绕组阻值	
5		空调器压缩机运行绕组阻值	

注：1. 表中数据用圆珠笔或签字笔填写。
2. 表中数据文字涂改无效。

任务5　按“大纲”要求，完成冰箱和空调制冷系统抽真空和充注制冷剂。(15分)

具体要求：

1. 冰箱制冷系统抽真空时间不少于40min，空调制冷系统抽真空时间不少于30min，抽真空开始及结束时，参赛人员应举手示意，由参赛人员在表19-3中记录开始及结束的时间(以赛场挂钟时间为准)和压力值(双表修理阀低压表)，并由评委签字确认。

2. 参赛人员凭评委签字确认后的表19-4，由该评委带领到指定位置领取带标称重量及首席评委确认的制冷剂R600a(HC-600a)。

3. 充注制冷剂R600a(HC-600a)后，确认不再使用制冷剂R600a(HC-600a)时，参赛人员举手示意并持表19-4，由评委带领将制冷剂R600a(HC-600a)送至指定位置称重并由评委确认后归还。

4. 禁止从制冷系统或制冷剂罐向赛场排放制冷剂，如发现由于操作不当引起向赛场排放R600a(HC-600a)制冷剂，任务5不得分。

表19-3　抽真空操作记录表

序号	项目名称	次数	抽真空开始			抽真空结束		
			时间	真空度/mmHg	评委确认	时间	真空度/mmHg	评委确认
1	空调系统抽真空	第一次						
2		第二次						
3	冰箱系统抽真空	第一次						
4		第二次						

注：1. 要求空调系统抽真空时间不少于30min，冰箱系统抽真空时间不少于40min。
2. 表中数据用圆珠笔或签字笔填写。
3. 表中数据文字涂改无效。

表 19-4　制冷剂领取记录

序号	项目名称	项目内容	冰箱系统(R600a)	评委确认
1	充注制冷剂	制冷剂罐未充注前重量/g		已经首席评委确认
2		制冷剂罐充注完后重量/g		
3		制冷剂充注量/g		

任务 6　通电调试运行冰箱和空调器，使其在安全、经济的条件下达到耗功最少、效率最高的预期效果。(20 分)

具体要求：

1. 冰箱系统自检合格，开始通电运行，20min 后，参赛人员举手示意，由参赛人员在表 19-5 中记录开始运行时间和结束时间及记录冰箱压缩机的吸气压力（-0.04～-0.02MPa）和排气压力（0.35～0.6MPa）及压缩机的运行电流（0.45～0.5A），由评委签字确认。

2. 空调系统自检合格后，设置空调系统处于制冷状态、中档送风，通电开始及运行 20min 后，参赛人员应举手示意，由参赛人员在表 19-5 中记录开始运行时间和结束时间及记录空调器压缩机的吸气压力（0.35～0.6MPa）和压缩机的运行电流（2.65～3.0A），由评委签字确认。

3. 冰箱设置状态：冷藏室温度 2℃、冷冻室温度 -24℃、变温室温度 0℃、速冻功能 off（关）、智能功能 off（关）、假日功能 on（开）。

4. 冰箱参数记录完成后，切断冰箱系统电源。

5. 空调器参数记录完成后，切断空调系统电源。

表 19-5　系统运行调试记录表

序号	项目名称	项目内容	空调系统	评委确认	冰箱系统	评委确认
1	通电试运行	系统运行开始时间				
2		系统运行结束时间				
3		压缩机吸气压力/MPa				
4		压缩机排气压力/MPa				
5		压缩机的运行电流/A				

注：1. 要求空调系统运行 20min 后记录上表中数据，冰箱系统运行 20min 后记录上表中数据。

2. 表中数据用圆珠笔或签字笔填写。

3. 表中数据文字涂改无效。

任务 7　职业素质和安全操作。(10 分)

具体要求：

1. 遵守赛场纪律，爱护赛场设备。

2. 工位环境整洁，工具摆放整齐。

3. 具体操作均符合安全操作规程。

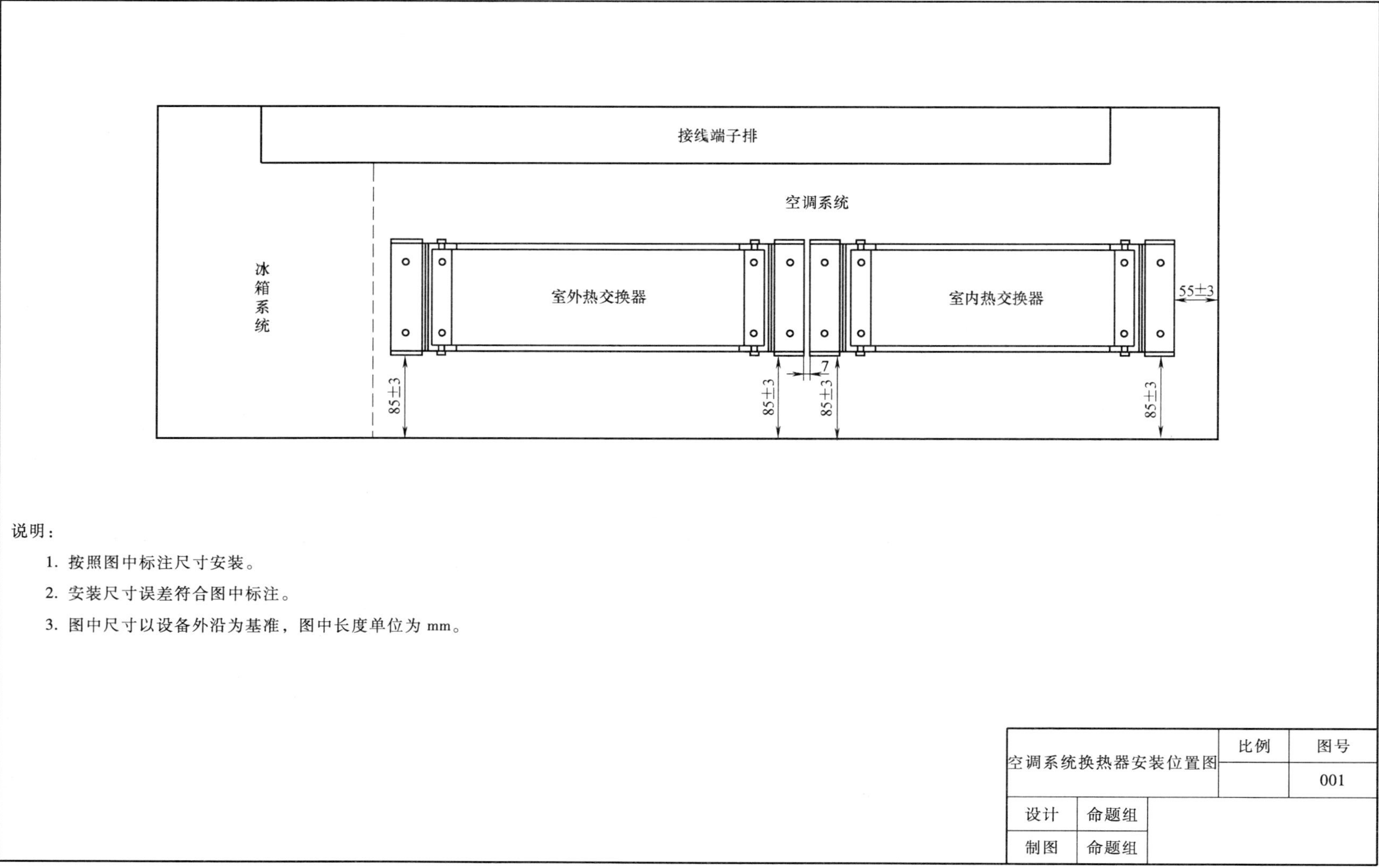

图 19-3　空调系统换热器安装位置图

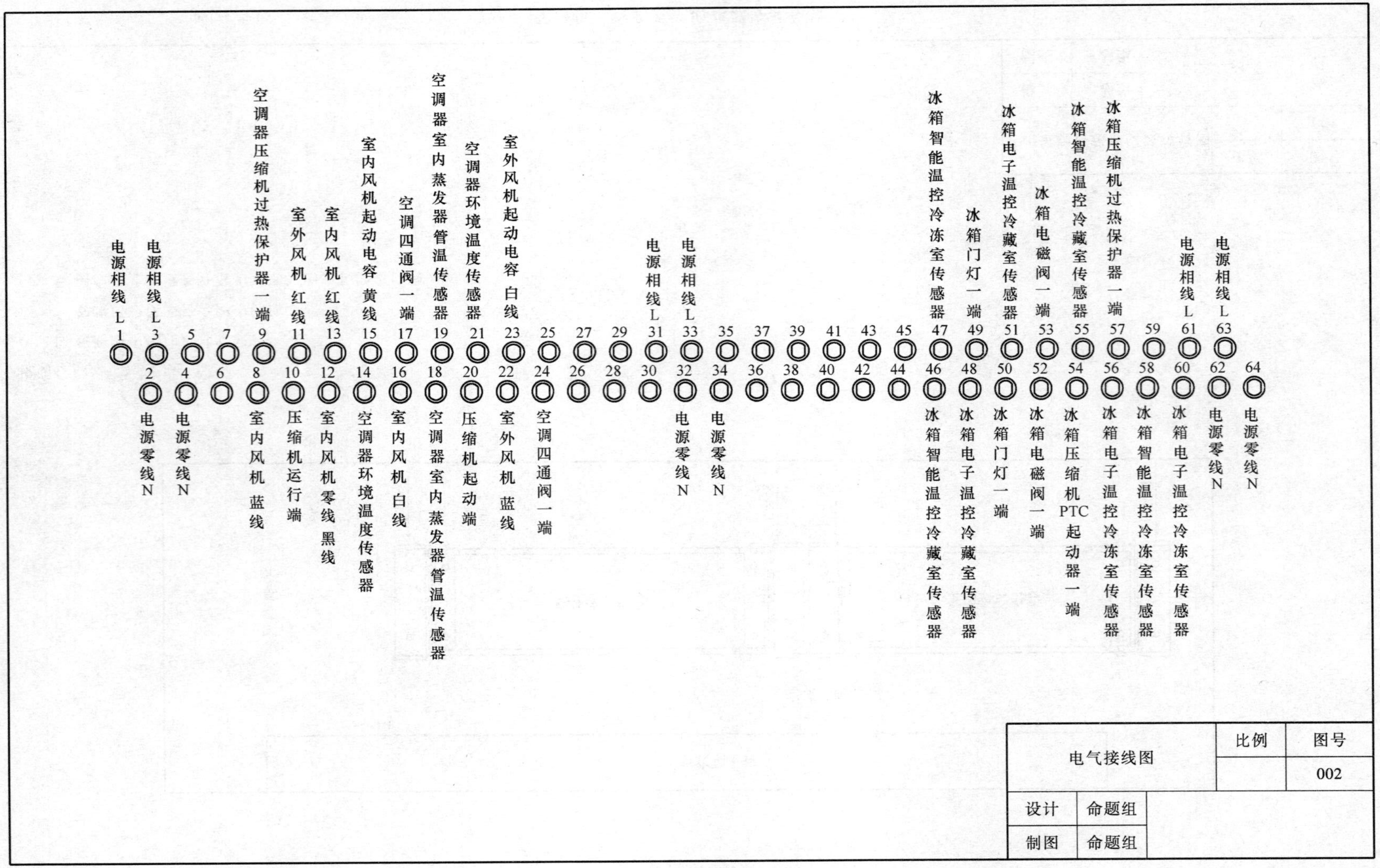

1 电源相线 L
3 电源相线 L
5
7
9 空调器压缩机过热保护器一端
11 室外风机 红线
13 室内风机 红线
15 室内风机起动电容 黄线
17 空调四通阀一端
19 空调器室内蒸发器管温传感器
21 空调器环境温度传感器
23 室外风机起动电容 白线
25
27
29
31 电源相线 L
33 电源相线 L
35
37
39
41
43
45
47 冰箱智能温控冷冻室传感器
49 冰箱门灯一端
51 冰箱电子温控冷藏室传感器
53 冰箱电磁阀一端
55 冰箱智能温控冷藏室传感器
57 冰箱压缩机过热保护器一端
59
61 电源相线 L
63 电源相线 L

2 电源零线 N
4 电源零线 N
6
8 室内风机 蓝线
10 压缩机运行端
12 室内风机零线 黑线
14 空调器环境温度传感器
16 室内风机 白线
18 空调器室内蒸发器管温传感器
20 压缩机起动端
22 室外风机 蓝线
24 空调四通阀一端
26
28
30
32 电源零线 N
34 电源零线 N
36
38
40
42
44
46 冰箱智能温控冷藏室传感器
48 冰箱电子温控冷藏室传感器
50 冰箱门灯一端
52 冰箱电磁阀一端
54 冰箱压缩机 PTC 起动器一端
56 冰箱电子温控冷冻室传感器
58 冰箱智能温控冷冻室传感器
60 冰箱电子温控冷冻室传感器
62 电源零线 N
64 电源零线 N

电气接线图		比例	图号
			002
设计	命题组		
制图	命题组		

图 19-4　电气接线图

2009年全国职业院校技能大赛（中职组）“制冷与空调设备组装与调试”操作技能任务书标准答案与评分细则

一、任务1的标准答案

如图19-5、图19-6所示。

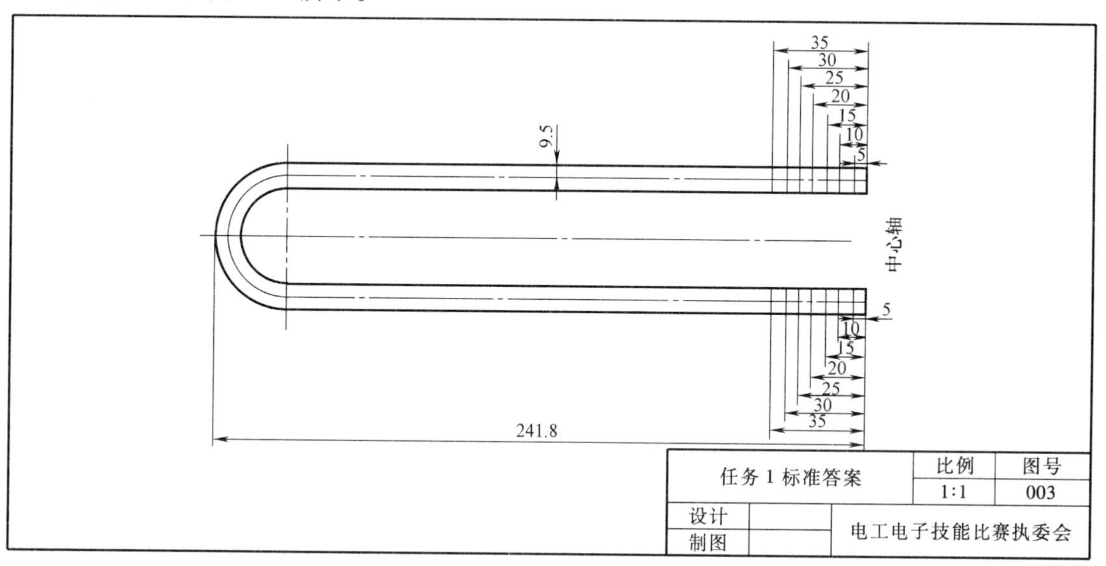

图19-5　弯制铜管

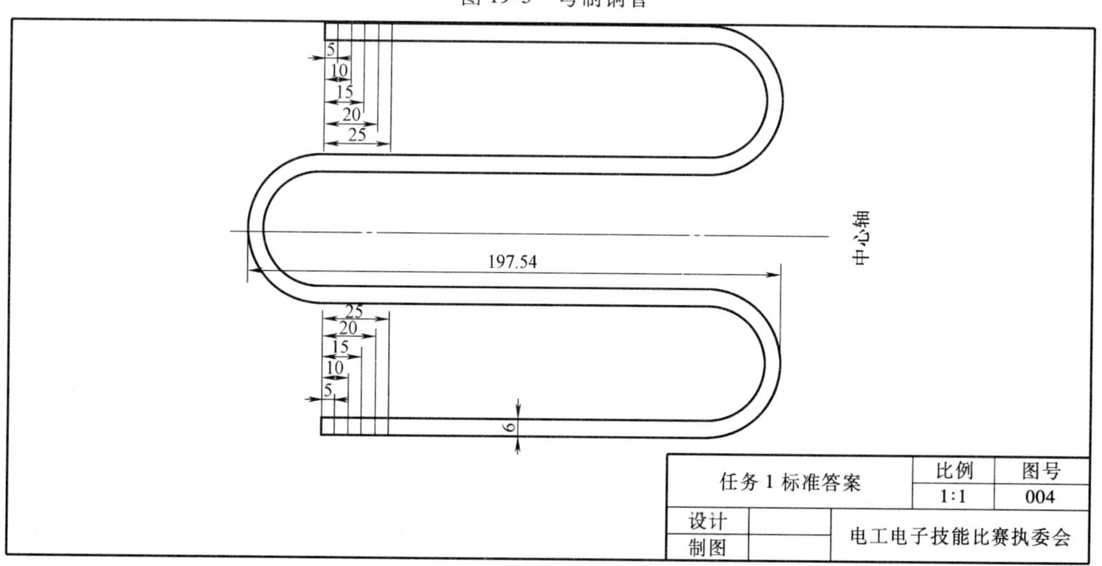

图19-6　弯制铜管

二、任务 2 标准答案

绘制冰箱制冷系统流程图和制冷剂流向的标准答案，如图 19-7、图 19-8 所示。

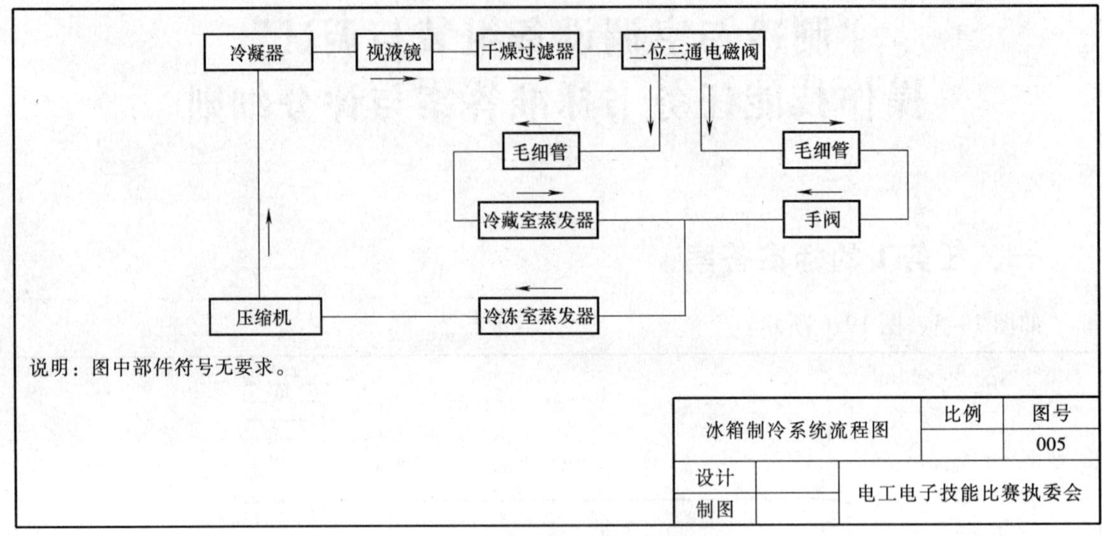

图 19-7　冰箱制冷系统流程图

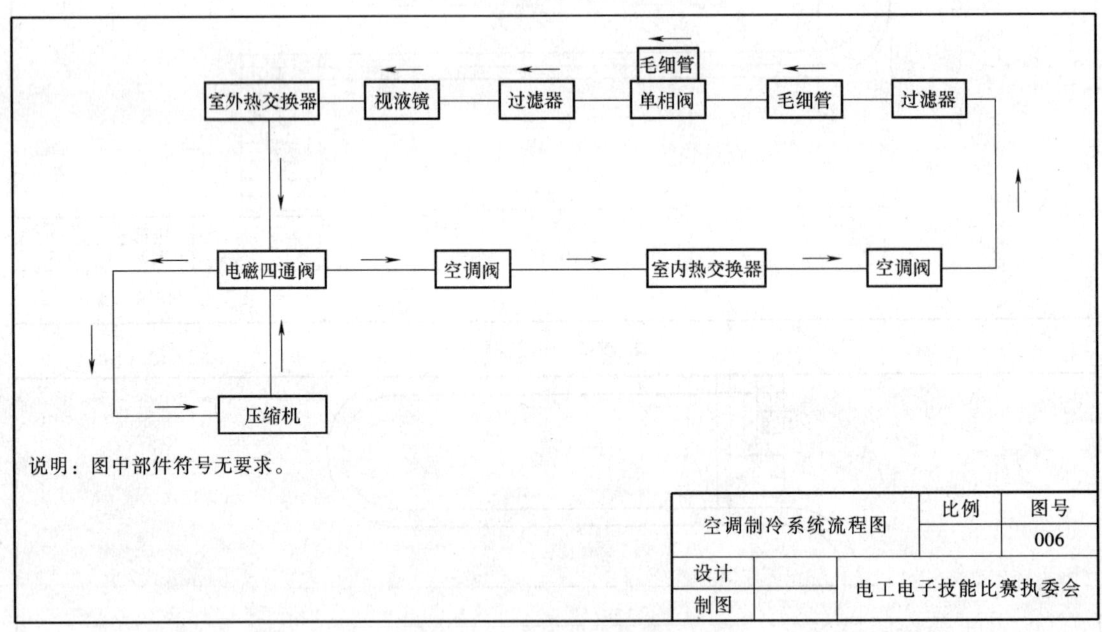

图 19-8　空调制冷系统流程图

三、评分细则

任务	评分内容及配比	评分要素	配分	评分标准
1	专用工具的使用(10 分)	用切管器，倒角器截取铜管，并二端倒角	2	截取的铜管长度为 100mm ± 2mm，倒角符合要求并管内无碎屑得 2 分。如铜管长度超出 100mm ± 2mm 扣 1 分(测量未做喇叭口、杯形口的剩余铜管)，如铜管内留有碎屑扣 1 分。如损坏了制作工具不得分

（续）

任务	评分内容及配比	评 分 要 素	配分	评 分 标 准
1	专用工具的使用(10分)	用胀管器制作杯形口	2	每个杯形口无变形、无裂纹、无褶皱且与同管壁外径配合良好得2分。如杯形口有变形、裂纹或褶皱扣1分,如与同管壁外径配合不好扣1分,如损坏了制作工具,该项不得分
		用扩管器制作喇叭口	2	每个喇叭口都圆整、无裂纹、无锐边得2分。如喇叭口不圆整且有毛刺扣1分,如喇叭口有裂纹扣1分。如损坏了制作工具,该项不得分
		用弯管器弯制铜管	2	弯成的180°铜管不变形、无裂纹,并与大赛提供图样符合得2分。两端长度误差超出5~8mm扣1分,如损坏了制作工具,该项不得分
		弯制蛇形铜管	2	弯成的蛇形状铜管不变形、无裂纹,并与大赛提供图样符合得2分。两端长度误差超出10~15mm扣1分,如损坏了制作工具,该项不得分
2	绘制制冷系统图,组装制冷系统(20分)	绘制冰箱制冷系统流程图,并标注五个主要部件的名称	2	绘制正确得1分,五个主要部件的名称标注正确得1分,每错一处扣0.5分,错3处不得分
		绘制空调制冷系统流程图,并标注五个主要部件的名称	2	绘制正确得1分,五个主要部件的名称标注正确得1分,每错一处扣0.5分,错3处不得分
		标注冰箱与空调制冷剂流向	2	冰箱标注正确得1分,空调器标注正确得1分,否则不得分
		制冷管路制作和组装制冷系统	10	制冷管路长短配置合理得4分、设备安装正确得6分。设备安装尺寸超出±3mm扣2分,冰箱管路安装不横平竖直扣1分,空调器管路安装不横平竖直扣2分,管子压扁或扭曲扣1分,损坏了工具,该项不得分
		判断选择完好的空调器毛细管	4	判断、选择空调器毛细管正确得4分,否则不得分
3	制冷系统保压检漏(10分)	使用专用充氮管路向制冷系统保压,用自制肥皂水检漏	10	吹污、保压、检漏操作正确,且所有检漏部位不漏得10分。不进行吹污操作扣2分,冰箱保压压力没有控制在0.8MPa±0.02MPa或空调器保压压力没有控制在1.2MPa±0.05MPa扣2分,保压时间不足扣2分,压力值下降扣2分,肥皂水未清理每处扣0.5分,最多扣3分
4	冰箱和空调器端子间电阻的测量和电路的连接(15分)	根据大赛提供的电线和配件按任务4进行选择和连接。测量空调器室内风机与压缩机各接线端的电阻值	15	测量空调器室内风机起动端与低速档端阻值正确得2分,测量空调室内风机起动端与中速档端阻值正确得2分,测量空调器室内风机起动端与高速档端阻值正确得2分;测量空调器压缩机起动绕组阻值正确得2分,测量空调器压缩机运行绕组阻值正确得2分,空调器热保护器判断选择正确得2分,对冰箱压缩机PTC起动器,判断、选择正确得分3分,否则不得分
5	制冷系统抽真空,充注制冷剂(15分)	冰箱制冷系统抽真空40min、空调制冷系统抽真空30min、冰箱、空调制冷系统充注制冷剂	15	冰箱: 冰箱制冷系统抽真空时间不足扣2分 冰箱制冷系统抽真空重做1次扣3分 冰箱制冷系统充注制冷剂量超过40g±10g扣4分 空调器: 空调制冷系统抽真空时间不足扣2分 空调制冷系统抽真空重做1次扣4分

（续）

任务	评分内容及配比	评分要素	配分	评分标准
6	冰箱、空调器通电运行（20分）	通电运行20min 启动运行，实现各种控制功能	20	冰箱： 冰箱压缩机吸气压力-0.04～-0.02MPa范围内得2分，否则不得分 冰箱压缩机排气压力0.35～0.6MPa范围内得2分，否则不得分 冰箱压缩机运行电流0.45～0.5A范围内得2分，否则不得分 以现场冰箱冷冻室蒸发器表面温度最低得4分，比最低温度高1℃得2分，比最低温度高3℃得1分，比最低温度高4℃以上不得分 空调器： 空调器压缩机吸气压力在0.35～0.6MPa范围内得2分，否则不得分 空调器压缩机运行电流在2.65～3.0A范围内得2分，否则不得分 以现场空调器蒸发器出风温度最低得6分，比最低温度高2℃得4分，比最低温度高5℃得2分，比最低温度高6℃以上不得分
7	职业素质和安全要求（10分）	从大赛开始到结束全过程	10	遵守赛场纪律，爱护赛场设备得2分；有不尊重赛场工作人员行为，一次扣2分 大赛结束时，工具摆放整齐，工位环境整洁得2分，工作台表面遗留工具或零星材料扣1分 在操作全过程中，均符合安全操作规程得6分，每违规一项（没有造成事故）扣2分

违规扣分：

1. 在完成工作任务过程中，因操作不当导致制冷剂泄漏或熔断器熔断中的一项扣10分。造成触电或烫伤中的一项扣20分。

2. 因违规操作，损坏赛场设备扣20分。

3. 扰乱赛场秩序，干扰评委的正常工作扣20分，情节严重者，经首席评委同意，取消参赛资格。

4. 在参赛过程中作弊，经首席评委同意，取消参赛资格。

5. 冰箱提供两套系统毛细管，有电子式和智能式之分，如不按任务书要求操作，任务2以下冰箱部分均不得分。

2010年全国职业院校技能大赛（中职组）“制冷与空调设备组装与调试”操作技能任务书

一、说明

1. 本任务书的编制是以可行性、技术性和通用性为原则。

2. 本任务书依据2010年全国职业院校技能大赛（中职组）“制冷与空调设备组装与调试”的具体工作要求和原劳动部、国家贸易部联合颁布的“中华人民共和国制冷设备维修工职业技能鉴定规范考核大纲”（中级工）设计编制的。

3. 任务完成总时间为4h。

4. 任务完成总分为100分。

5. 本任务书适用于2010年全国职业院校技能大赛（中职组）“制冷与空调设备组装与调试”参赛人员。

二、任务

任务1　按照大赛提供的THRHZK—1型“现代制冷与空调系统技能实训装置”（简称“装置”，下同），按图20-1所绘制的空调器压缩机的位置，符合热泵型分体式空调器结构的合理布局，选择大赛提供的管路，经济、合理地自行设计管路走向，完成空调制冷系统的安装。(30分)

具体要求：

1. 按图20-1空调器压缩机的位置拆装定位，定位尺寸允许误差为±3mm。

2. 按定位要求，以节省铜管为原则，完成制冷管路的设计制作，并完成空调制冷系统的组装，达到布局合理、连接可靠、美观。

任务2　按照“中华人民共和国制冷设备维修工职业技能鉴定规范考核大纲”（简称为“大纲”，下同）的要求，完成空调制冷系统的保压检漏、抽真空和充注制冷剂。(20分)

具体要求：

1. 在进行保压检漏前，用0.8~1.0MPa氮气对空调制冷系统进行吹污。

2. 将1.2MPa氮气充入空调制冷系统进行保压检漏并清理检漏部位，自检不漏后，开始申请保压，保压时间为20min。保压开始及结束时，参赛人员应举手示意，由参赛人员在表20-1中记录实训台低压表压力值和保压时间（以赛场挂钟时间为准），并由评委签字确认。

3. 如果发现有泄漏部位，应重新进行上述操作，直到不漏为止。

4. 空调制冷系统抽真空不少于30min，抽真空开始及结束时，参赛人员应举手示意，由参赛人员在表20-2中记录开始及结束的时间（以赛场挂钟时间为准），并记录双表修理阀低压表压力值，并由评委签字确认。

5. 禁止从制冷系统或制冷剂灌中的制冷剂向赛场排放，如由于操作不当造成向赛场排放制冷剂，按违规操作扣 10 分。

表 20-1　保压操作记录表

项目名称	次数	保压开始			保压结束		
		时间	压力值/MPa	评委确认	时间	压力值/MPa	评委确认
空调制冷系统保压检漏	第一次						
	第二次						
	第三次						

注：1. 要求空调系统保压时间不少于 20min。
2. 表中数据用圆珠笔或签字笔填写。
3. 表中数据文字涂改项无效。

表 20-2　抽真空操作记录表

项目名称	次数	抽真空开始			抽真空结束		
		时间	真空度/mmHg	评委确认	时间	真空度/mmHg	评委确认
空调系统抽真空	第一次						
	第二次						
	第三次						

注：1. 要求空调系统抽真空时间不少于 30min。
2. 表中数据用圆珠笔或签字笔填写。
3. 表中数据文字涂改项无效。

任务 3　按照图 20-2 电气图进行空调器电路的连接。(14 分)

具体要求：

1. 根据大赛提供的各种电线和配件，连接空调系统的电气线路。

2. 根据强、弱电信号的特点选择不同的导线进行连接，所有的电线必须布放在线槽内。

3. 测量空调器室内风机与压缩机各接线端子时，参赛人员应举手示意，由参赛人员记录在表 20-3 和表 20-4 中，并由评委签字确认。

表 20-3　更换器件记录表

序号	空调器更换器件的名称	更换的原因	选手签名	评委确认
1				
2				
3				

注：1. 表中数据用圆珠笔或签字笔填写。
2. 表中数据文字涂改项无效。

表 20-4　阻值测量记录表

项 目 名 称	测 量 内 容	测量结果/Ω	评委确认
判断空调器室内机及压缩机各接线端子并测量阻值	室内风机运行端与低速档阻值		
	室内风机运行端与中速档阻值		
	室内风机运行端与高速档阻值		

（续）

项目名称	测量内容	测量结果/Ω	评委确认
判断空调器室内机及压缩机各接线端子并测量阻值	空调器压缩机起动绕组阻值		
	空调器压缩机运行绕组阻值		

注：1. 表中数据用圆珠笔或签字笔填写。

2. 表中数据文字涂改项无效。

任务 4　通电调试运行空调制冷系统，使其在安全、经济的条件下达到耗功最少、效率最高的预期效果。（6 分）

具体要求：

空调制冷系统自检合格后，将空调器调至制冷状态，室内风机调至高速档送风。通电开始前，参赛人员应举手示意，并在表 20-5 中记录开始运行时间，由评委签字确认；运行 20min 后，参赛人员应举手示意，并由参赛人员在表 20-5 中记录当前时间及压缩机的吸气压力值、排气压力值及压缩机的运行电流值，由评委签字确认。

表 20-5　系统运行调试记录表

项目名称	项目内容	空调系统	评委确认	冰箱系统	评委确认
通电试运行	系统运行开始时间				
	系统运行结束时间				
	压缩机吸气压力值/MPa				
	压缩机排气压力值/MPa				
	压缩机的运行电流/A				

注：1. 要求空调系统运行 20min 后记录上表中数据，冰箱系统运行 20min 后记录上表中数据。

2. 表中数据用圆珠笔或签字笔填写。

3. 表中数据文字涂改项无效。

任务 5　按照图 20-2 电气接线图进行智能型冰箱的电路连接，并检查、调试和排除冰箱电气系统故障。（20 分）

具体要求：

1. 根据大赛提供的各种电线和配件，连接冰箱系统的电气线路。

2. 根据强、弱电信号的特点选择不同的导线进行连接，所有的电线必须布放在线槽内。

3. 检查电气系统的故障并进行排除，记录在表 20-6 中，由评委签字。（注明：挂箱内电气部件完好无故障）

4. 冰箱设置状态：冷藏室温度 2℃、冷冻室温度 −18℃、变温室温度 0℃、速冻功能 off（关）、智能功能 off（关）、假日功能 off（关）。

5. 冰箱制冷系统自检合格后，按上述要求设置并启动冰箱系统。通电开始前，参赛人员应举手示意，并在表 20-5 中记录开始运行时间，由评委签字确认；运行 20min 后，参赛人员应举手示意，并由参赛人员在表 20-5 中记录当前时间及压缩机的吸气压力值、排气压力值及压缩机的运行电流值，由评委签字确认。

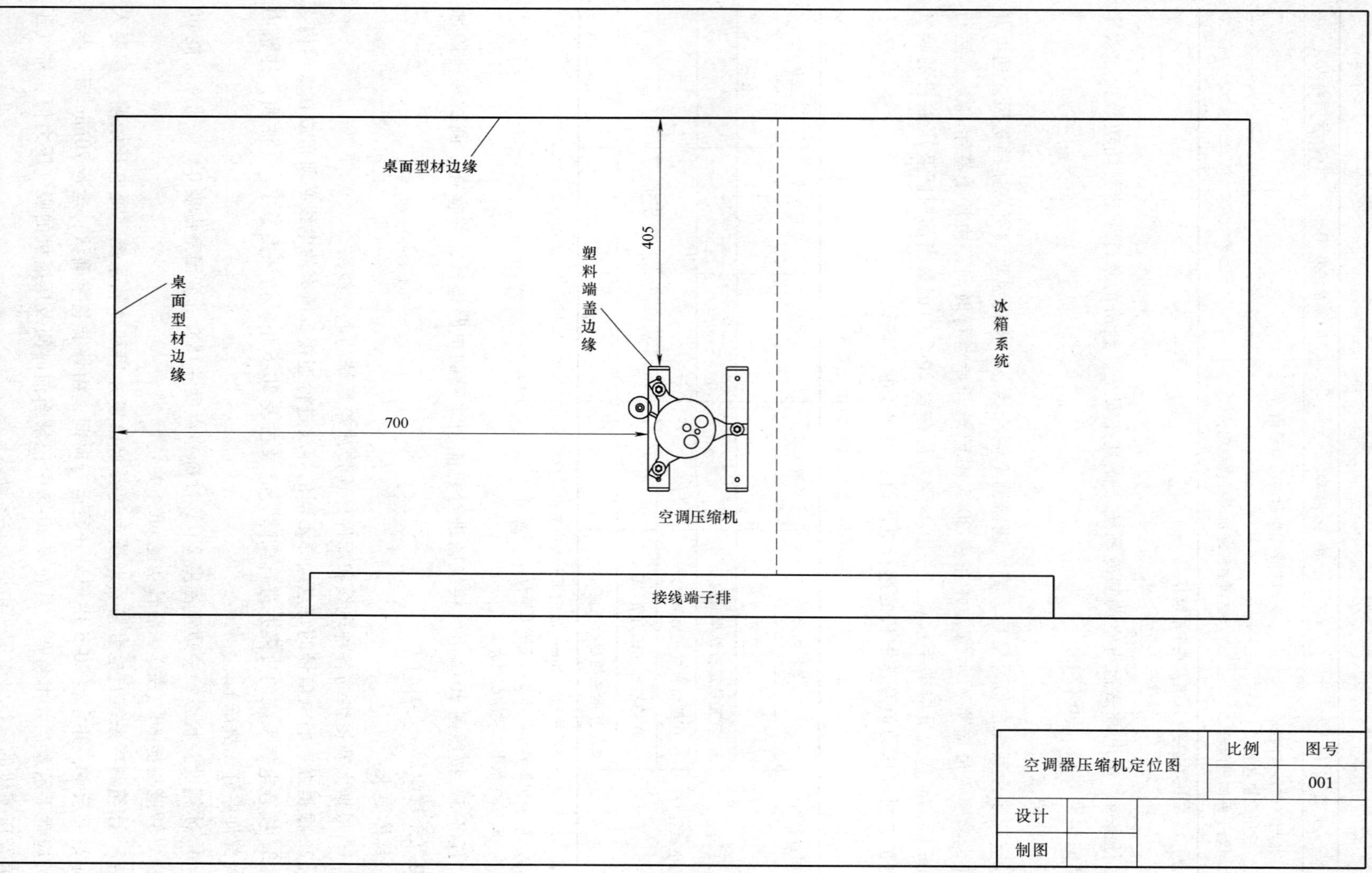

图 20-1 空调器压缩机定位图

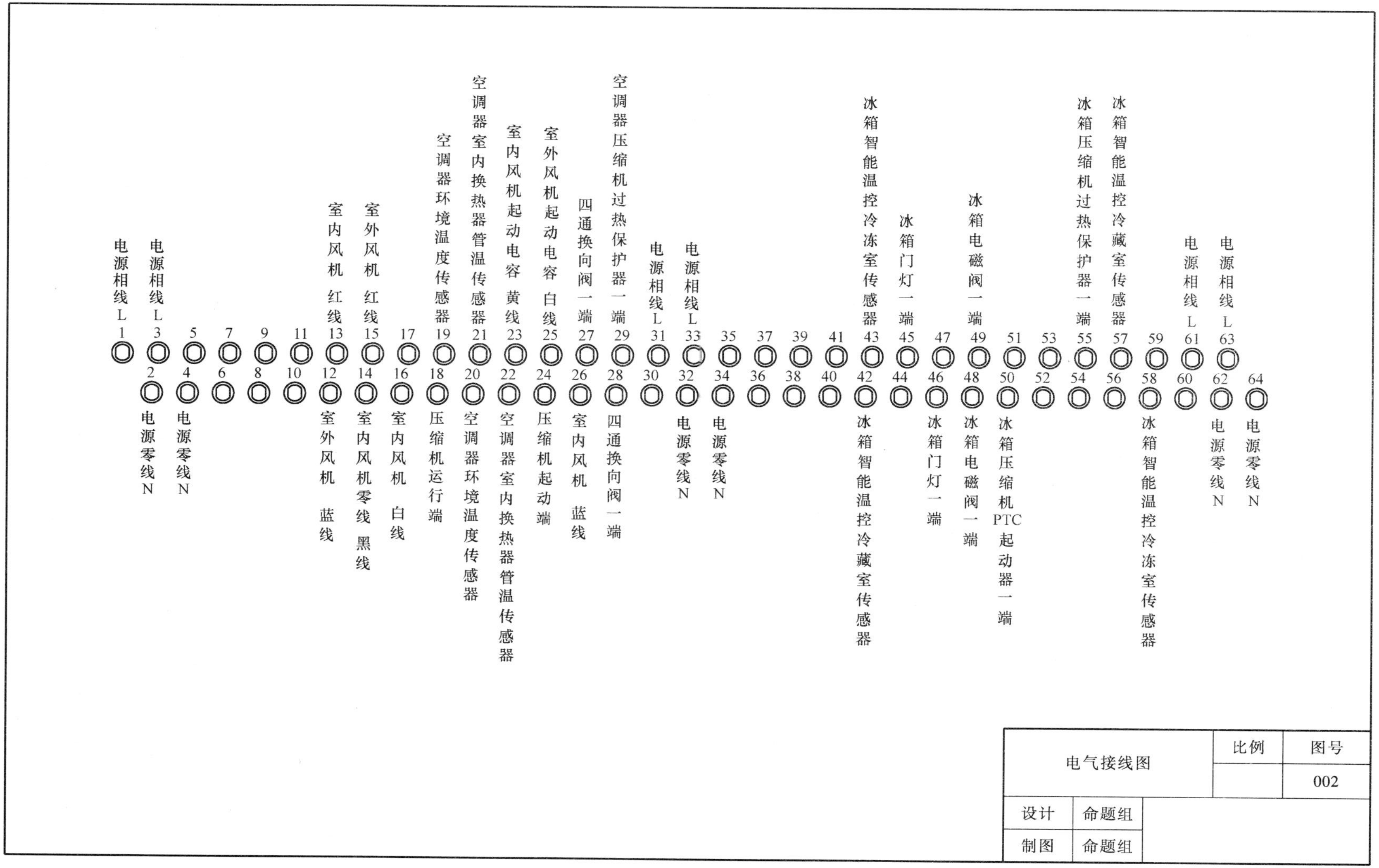

1 电源相线 L
2 电源零线 N
3 电源相线 L
4 电源零线 N
5
6
7
8
9
10
11
12 室外风机 蓝线
13 室内风机 红线
14 室内风机零线 黑线
15 室外风机 红线
16 室内风机 白线
17
18 压缩机运行端
19 空调器环境温度传感器
20 空调器环境温度传感器
21 空调器室内换热器管温传感器
22 空调器室内换热器管温传感器
23 室内风机起动电容 黄线
24 压缩机起动端
25 室外风机起动电容 白线
26 室内风机 蓝线
27 四通换向阀一端
28 四通换向阀一端
29 空调器压缩机过热保护器一端
30
31 电源相线 L
32 电源零线 N
33 电源相线 L
34 电源零线 N
35
36
37
38
39
40
41
42 冰箱智能温控冷藏室传感器
43 冰箱智能温控冷冻室传感器
44
45 冰箱门灯一端
46 冰箱门灯一端
47
48 冰箱电磁阀一端
49 冰箱电磁阀一端
50 冰箱压缩机 PTC 起动器一端
51
52
53
54
55 冰箱压缩机过热保护器一端
56
57 冰箱智能温控冷藏室传感器
58 冰箱智能温控冷冻室传感器
59
60
61 电源相线 L
62 电源零线 N
63 电源相线 L
64 电源零线 N

电气接线图		比例	图号
			002
设计	命题组		
制图	命题组		

图 20-2 电气接线图

表 20-6　冰箱故障排除记录表

序号	冰箱故障部位	排除结果	选手签名	评委确认

注：1. 表中数据用圆珠笔或签字笔填写。
　　2. 表中数据文字涂改项无效。

任务 6　职业素质和安全操作（10 分）

具体要求：

1. 遵守赛场纪律，爱护赛场设备。
2. 工位环境整洁，工具摆放整齐。
3. 具体操作均符合安全操作规程。

2010年全国职业院校技能大赛（中职组）“制冷与空调设备组装与调试”操作技能任务书评分细则

任务	评分内容及配比	评分要素	配分	评分标准
1	空调器压缩机按图定位，要求符合家用热泵型分体式空调器的结构，在“装置”的平面上，选择大赛提供的管路，经济、合理地自行设计管路走向，完成空调制冷系统的组装（30分）	空调器压缩机按图定位	5	空调器压缩机定位误差在±2mm得5分 空调器压缩机定位误差在±3mm得4分 空调器压缩机定位误差在±4mm得2分 空调器压缩机定位误差超出±5mm不得分
		符合家用热泵型分体式空调器的结构	15	以室内换热器和室外换热器为分界线 室外换热器、四通换向阀、两个空调阀均与压缩机放在室外换热器一侧，符合家用热泵型分体式空调器的结构，得15分 室外换热器、四通换向阀与压缩机放在室外换热器一侧，得12分 室外换热器、两个空调阀与压缩机放在室外换热器一侧，得8分 室外换热器与压缩机放在室外换热器一侧，得5分 四通换向阀、两个空调阀与压缩机放在室内换热器一侧，完全不符合家用热泵型分体式空调器的结构，不得分
		以最省的铜管用量，完成制冷管路的设计制作并进行组装达到布局合理、连接可靠、美观	10	3/8in铜管用量≤1300mm、ϕ6mm铜管用量≤600mm，布局合理、连接可靠、美观得10分（已焊好的T形管和空调阀上已焊好的管子除外，下同） 3/8in铜管用量≤1500mm、ϕ6mm铜管用量≤800mm，布局合理、连接可靠、美观得7分 3/8in铜管用量≤1800mm、ϕ6mm铜管用量≤900mm，布局合理、连接可靠、美观得5分 3/8in铜管用量≥1800mm、ϕ6mm铜管用量≥900mm，布局合理、连接可靠、美观得3分 空调器管路安装不横平竖直每根扣1分，最多扣2分 管子压扁或扭曲每处扣1分，最多扣2分 固定件缺少或没有紧固每处扣1分，最多扣2分 损坏工具不得分
2	空调制冷系统保压检漏、抽真空，加注制冷剂（15分）	空调制冷系统保压检漏	5	空调制冷系统吹污、保压、检漏操作正确且所有检漏部位不漏得5分 不进行吹污操作扣2分 空调器保压压力没有控制在1.2MPa±0.05MPa扣1分 保压时间不足扣1分 肥皂水未清理扣1分 用制冷剂吹污或排除管路空气，本项不得分
		空调制冷系统抽真空	5	空调制冷系统抽真空30min，双表修理阀低压表压力值为负值得5分 抽真空时间不足30min扣2分 双表修理阀低压表压力值为正值扣3分 未进行抽真空操作分，本项不得分

（续）

任务	评分内容及配比	评分要素	配分	评分标准
2	空调制冷系统保压检漏、抽真空，充注制冷剂(15分)	空调制冷系统充注制冷剂	5	制冷剂充注量合适得5分(以空调器压缩机吸气压力在0.35～0.6MPa空调器压缩机运行电流在2.65～3A范围内为准) 充注过程中或充注结束后拆管时造成少量泄漏扣3分 从制冷系统或制冷剂钢瓶向赛场排放按违规扣分
3	空调器电气线路的连接(10分)	空调器电气线路的连接	5	正确完成空调器电气控制系统接线，工艺符合要求得5分 电线用量浪费较多扣1分 发现有一处未套号码管扣1分 发现有一处未套热缩管扣1分 发现有一处电线对接处未套套管扣1分 未能完成布线不得分
		测量空调器室外风机、环境温度传感器、空调器压缩机绕组阻值	5	测量空调器室外风机起动绕组阻值正确得1分 测量空调器室外风机运行绕组阻值正确得1分 测量环境温度传感器阻值正确得1分 测量空调器压缩机起动绕组阻值正确得1分 测量空调器压缩机运行绕组阻值正确得1分 每错一处扣1分，最多扣5分
4	排除电气系统的故障，运行空调器系统(15分)	排除空调器电气系统故障	11	空调器室外风机一根接线断路判断正确，并排除故障得11分 空调器室外风机一根接线断路判断正确，但故障没有排除得5分 每错接一个熔断器熔丝扣2分，最多扣5分 不应带电测量的，带电测量未造成触电扣6分，造成触电按违规扣分
		测量空调系统有关参数	4	空调器压缩机吸气压力在0.35～0.6MPa范围内得2分，否则不得分 空调器压缩机运行电流在2.65～3A范围内得2分，否则不得分
5	冰箱的电路连接、检查、调试和排除冰箱电气系统故障(20分)	冰箱电气线路的连接	5	正确完成冰箱电气控制系统接线，工艺符合要求得5分 电线用量浪费较多扣1分 发现有一处未套号码管扣1分 发现有一处未套热缩管扣1分 发现有一处电线对接处未套套管扣1分 未能完成布线不得分
		排除冰箱电气系统故障	9	冰箱电气线路中有一根线断路判断正确，并排除故障得9分 冰箱电气线路中有一根线断路判断正确，但故障没有排除得4分 不应带电测量的，带电测量未造成触电扣6分，造成触电按违规扣分
		测量冰箱系统有关参数	6	冰箱压缩机吸气压力在0.35～0.50MPa范围内得2分，否则不得分 冰箱压缩机排气压力在0.35～0.50MPa范围内得2分，否则不得分 冰箱压缩机运行电流在2.2～2.6A范围内得2分，否则不得分

（续）

任务	评分内容及配比	评分要素	配分	评分标准
6	职业素质和安全操作(10分)	职业素质和安全操作	10	没穿劳动部门认定的电工绝缘鞋扣2分 将扳手、专用等硬件工具放到“装置”台面和电器挂箱上扣2分 在“装置”台面和电器挂箱上拖动空调部件扣2分 将材料、工具等放到他人场地扣2分 完成任务未能清理场地扣2分 该项最多扣10分

违规扣分：

1. 在完成工作任务过程中，因操作不当导致大量制冷剂泄漏扣10分。

2. 在完成工作任务过程中，因操作不当导致触电或烫伤中的一项扣20分。

3. 因违规操作，损坏赛场设备扣20分。

4. 扰乱赛场秩序，干扰评委正常工作扣20分，情节严重者，经首席评委同意，取消参赛资格。

5. 在参赛过程中作弊，经首席评委同意，取消参赛资格。

2011 年全国职业院校技能大赛（中职组）
“制冷与空调设备组装与调试”操作技能任务书

一、说明

1. 本任务书的编制是以可行性、技术性和通用性为原则。

2. 本任务书依据 2011 年全国职业院校技能大赛（中职组）“制冷与空调设备组装与调试”的具体工作要求和原劳动部、国家贸易部联合颁布的“中华人民共和国制冷设备维修工职业技能鉴定规范考核大纲”编制的。

3. 任务完成总分为 100 分，其中操作部分占 85 分，理论部分占 15 分，任务完成总时间为 270min。

4. 记录表中所有数据要求用黑色圆珠笔或签字笔如实填写。表格应保持整洁，并在规定的地方作答，表格中的时间以赛场挂钟时间为准，所有数据记录必须报请评委签字确认，数据涂改必须经评委确认，否则该项不得分。

5. 除压力按仪表上显示的单位填写外，其他参数要求全部采用国际单位制填写。

二、任务

任务 1　热泵型分体式空调器系统的组装与调试。(60 分)

在“THRHZK—1 型现代制冷与空调系统技能实训装置”（以下简称“装置”）平台上，结合实际热泵型分体式空调器的结构特点，完成热泵型分体式空调器系统的组装与调试。

任务说明：

1. 安装热泵型分体式空调器系统的组件。根据图 21-3 要求，在“装置”平台上正确安装四通电磁换向阀组件及其他组成部件，要求符合实际热泵型分体式空调器的结构特点。

2. 选手选用赛场提供的铜管及管路配件，完成热泵型分体式空调器的管路制作和连接。管路布置应以实际分体式空调器安装方式为原则，压缩机回气管路与排气管路的制作安装应沿着压缩机外周布置；按照图 21-4 所示制作回气管路；压缩机排气管路制作须设置两个 U 形弯，以符合实际空调器减振、降噪的工艺要求。整个系统管路制作与安装，要求布局美观合理、横平竖直，不得相互交错或相互碰触等。管路安装过程中，应参考实际空调器的结构，对需要保温的管路加装保温套管。

3. 吹污和试压检漏。利用赛场提供的氮气对空调系统管路及组件进行吹污，直至制冷系统干净为止。然后对空调系统进行试压检漏，试压压力应不小于 1.0MPa，保压时间为 20min。保压开始及结束时，参赛选手应举手示意，如实填写表 21-1，并报请评委签字确认。如果发现有泄漏部位，应重新进行上述操作，直到不漏为止。

表 21-1　空调系统保压操作记录表

次　数	保压开始			保压结束		
	时间	压力值	评委确认	时间	压力值	评委签字
第一次						
第二次						

4. 选手选用合适的导线及部件，根据图 21-5 的要求完成空调器电气系统的连接，不能擅自改变端子功能布局。线路安装要求符合电气线路安装规范，主电路、控制电路所用导线分离布置，主电路导线沿线槽的内侧布放，控制电路导线沿线槽的外侧布放，分别固定；导线应连接牢固并绝缘良好；导线两端均应套号码管，号码管标注要求方向一致；露出线槽外的器件引线必须采用热缩管做护套。

5. 抽真空充注制冷剂。空调系统抽真空的时间应不少于 20min。抽真空开始及结束，应如实填写表 21-2，并报请评委签字确认。抽真空无误后，方可进行系统充注制冷剂的操作。

表 21-2　空调系统抽真空操作记录表

次　数	抽真空开始			抽真空结束		
	时间	压力值	评委确认	时间	压力值	评委签字
第一次						
第二次						

6. 空调系统调试完成后，在制冷模式下（设定温度为 18℃、高风速档）运行 15min，然后测量运行电流、吸排气压力值等参数，如实填写表 21-3，并报请评委签字确认。

表 21-3　空调器试运行记录表

项目名称	项 目 内 容	实测值	评委签字
通电试运行	系统运行开始时间		
	系统运行结束时间		
	高压压力		
	低压压力		
	室内换热器管温传感器电压		
	压缩机电流		

7. 安装过程中的部件等本身故障应报请评委确认并予以更换，如人为损坏可予以更换并扣除相应分值；若人为原因造成铜管量不够，可以报请评委予以增发并扣除相应分值。

任务 2　冰箱电气系统的连接与调试。(15 分)

在“装置”平台上，完成电子温控冰箱电气系统的连接与调试。

任务说明：

1. 冰箱制冷循环系统已经安装完成，不需要选手重新安装。

2. 选手选用合适的导线及器件，根据图 21-5 的要求完成电子温控式冰箱电气系统的连接和接线端子排与控制挂箱之间的导线连接。要求实现冷藏室、冷冻室温度调节与控制，压缩机过热、过电流保护和门灯控制等功能。线路安装要符合电气线路安装规范，主电路、控制电路所用导线分离布置，主电路导线沿线槽的内侧布放，控制电路导线沿线槽的外侧布放，分别固定；导线连接牢固并绝缘良好；导线两端均应套号码管，号码管标注要求方向一致；露出线槽外的器件引线必须采用热缩管做护套。

3. 通电试运行。对冰箱的电气系统进行检测，分析并排除故障。如实将故障现象与排除方法填入表21-4，并报请评委签字确认。

表21-4　冰箱维修记录表

序号	故障现象	故障排除方法	评委签字

4. 冰箱系统试运行与参数测量。冰箱通电运行20min后，选手测量整机电流、吸排气压力值等参数，如实填写表21-5，并报请评委签字确认。

表21-5　电冰箱试运行记录表

项目名称	项目内容	实测值	评委签字
通电试运行	系统运行开始时间		
	系统运行结束时间		
	排气压力		
	吸气压力		
	冷藏室温度传感器电压		
	整机电流		

任务3　安全意识与职业素养评价。(10分)

任务说明：

1. 遵守赛场纪律，尊重赛场评委及工作人员，爱护设备，有良好的职业道德。

2. 穿戴与操作规范，操作过程应注意节约与环保，离场前应将工具与剩余材料等摆放整齐。

3. 选手在比赛期间，所有操作均应符合相关安全操作规程。

任务4　相关理论知识。(15分)

(一) 判断题（正确的打“√”，错误的打“×”，每小题0.2分，共3分）

1. 使用万用表测量高阻值电阻时，要分别用双手捏紧电阻和表笔接触两端，以免测量电阻不精确。（　）

2. 使用钳形电流表测量交流电流时，要手按钳柄，使钳口开启，将导线置于钳口内。为了减小误差，被测导线应置于钳口的中央位置，然后使钳口紧密闭合。（　）

3. 使用弹簧式压力表测量波动压力时，测量值不能超过压力表测量上限的2/3。（　）

4. 冰箱电子式温控器是通过测温热敏电阻，由温度检测电路将温度变化转化成电压变化来实现温度控制的。（　）

5. 间冷式冰箱全自动化霜过程中，化霜加热器停止加热是由双金属化霜温度控制器实现控制的。（　　）

6. 在冰箱控制电路中设置过载保护器的目的是为了防止压缩机电动机运行绕组烧毁故障发生。（　　）

7. 在热泵型空调器中通过四通电磁换向阀实现蒸发器与压缩机功能的转换。（　　）

8. 具有负温度特性的热敏电阻传感器是冰箱智能温控器的感测元件，置于冰箱内适当位置。（　　）

9. 绿色环保制冷剂要求不含氯元素与溴元素，或在紫外线照射下不分解出氯离子，以保护大气臭氧层。（　　）

10. 对饱和液体，只要知道其压力值，就可以由压焓图上求得其他的热力学参数。（　　）

11. 采用万用表的电阻档测量空调器电动机电容时，将两表笔与电容两端相接，如果指针向右偏至0，然后缓慢向左偏转，即电阻逐渐升高至一定值，则电容器基本正常。（　　）

12. 基本RS触发器工作波形图又称为基本RS触发器时序图，它是描述触发器的输出状态随时间和输入信号变化的规律的图形，如图21-1所示。（　　）

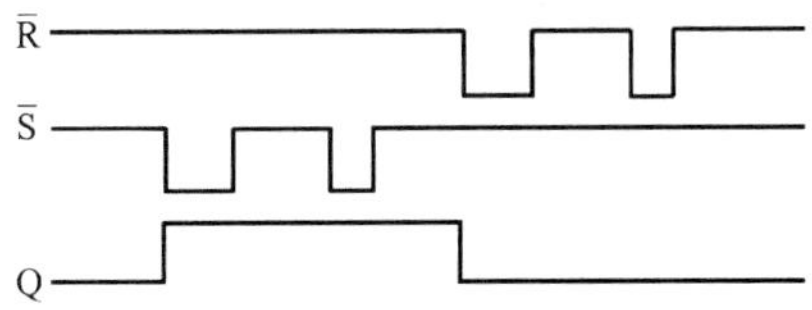

13. 若冷藏室温度传感器开路，则冰箱故障现象为开机后无法停机。若冷藏室温度传感器短路，则冰箱故障现象为无法启动运行。（　　）

$\bar{R}$

$\bar{S}$

Q

图21-1　输入脉冲

14. 空调器压缩机单相异步电动机采用电阻分相式起动方法，冰箱压缩机单相异步电动机采用电容分相式起动方法，以提高起动转矩。（　　）

15. 比赛现场温度变化是影响空调机组冷凝压力变化的因素。（　　）

（二）单选题（将第1～14题的正确答案填入答题表内，每小题0.5分，共7分）

1. 使用兆欧表测量压缩机电动机绕组与外壳的绝缘电阻时，（　　）。

A. L端与电动机绕组相连接，G端与电动机的机壳相连接

B. L端与电动机绕组相连接，E端与电动机的机壳相连接

C. E端与电动机绕组相连接，G端与电动机的机壳相连接

D. G端与电动机绕组相连接，E端与电动机的机壳相连接

2. 直流变速空调器采用（　　），可以提高能效比。

A. 涡旋压缩机、毛细管节流装置　　B. 旋转压缩机、毛细管节流装置

C. 涡旋压缩机、电子膨胀阀装置　　D. 转子式压缩机、电子膨胀阀装置

3. 常温下用万用表电阻档测量冰箱PTC起动器电阻，阻值约在（　　）之间。

A. 100～500Ω　　B. 1～5Ω　　C. 10～50kΩ　　D. 10～50Ω

4. 绝对温度是（　　）对应摄氏温度100℃。

A. 173K　　B. 273K　　C. 373K　　D. 473K

5. 全封闭旋转式压缩机的偏心活塞沿气缸内壁滚动旋转一周，完成（　　）全过程。

A. 膨胀、吸气、压缩、排气　　B. 吸气、压缩、排气、吸气

C. 膨胀、排气、吸气、压缩　　D. 吸气、膨胀、压缩、排气

6. 钎焊铜管，焊接不足一周的原因是（　　）。

A. 焊接时间过长　　B. 铜管歪斜　　C. 温度过高　　D. 加热不均

7. 制冷系统抽真空操作的目的是排除制冷系统里的水蒸气和不凝性气体，采用 R600a 制冷剂的冰箱系统，禁止采用的抽真空方法是（　　）。

A. 低压单侧抽真空　　B. 高低压双侧抽真空

C. 二次抽真空　　D. 高压单侧抽真空

8. 由下表所给出的真值表，判定 P 与 A、B 之间的关系为（　　）。

A. 与逻辑　　B. 或逻辑　　C. 与非逻辑　　D. 或非逻辑

A	B	P
0	0	1
0	1	0
1	0	0
1	1	0

9. 晶体管作为开关管使用时，正常工作的条件是工作在（　　）。

A. 截止区、饱和区　　B. 截止区、放大区

C. 放大区、饱和区　　D. 耗散区、放大区

10. 制冷系统中含有过量的不凝性气体，会使制冷压缩机的（　　）。

A. 机械效率提高　　B. 排气温度降低　　C. 排气压力升高　　D. 制冷量提高

11. 实际制冷循环过程中的能量损失归纳为（　　）。

A. 温度损失、压力损失、泄漏损失、余隙容积损失和摩擦损失

B. 温度损失、压强损失、泄漏损失、余隙容积损失和摩擦损失

C. 温度损失、压强损失、工质损失、余隙容积损失和摩擦损失

D. 温度损失、压强损失、泄漏损失、空间容积损失和摩擦损失

12. 典型石英晶体振荡器的匹配电阻电容值是影响（　　）的关键，精度要求高。

A. 谐波频率　　B. 固有频率　　C. 晶体频率　　D. 振荡频率

13. 稳压二极管在（　　）正常工作。

A. 反向击穿区　　B. 正向导通区　　C. 正向截止区　　D. 反向截止区

14. 维修制冷设备要求使用（　　）作为临时照明。

A. 故障照明　　B. 安全照明　　C. 一般照明　　D. 明火照明

（三）综合分析题（本题总分 5 分）

要求：有一台热泵型分体式空调器，其蒸发温度为 5℃，冷凝温度为 50℃，使制冷剂在理想条件下实现制冷循环（不考虑吸气过热与冷凝后的液体过冷），请完成以下任务：

1. 假设压缩机吸气口为饱和状态点 1，请在 R22 压焓图（见图 21-2）上绘出该空调制冷系统的 1-2-3-4-5-1 的理论制冷循环。(2 分)

2. 依据已绘制的理论制冷循环，分别叙述制冷循环 1-2、2-3、3-4、4-5、5-1 的工作过程。(3 分)

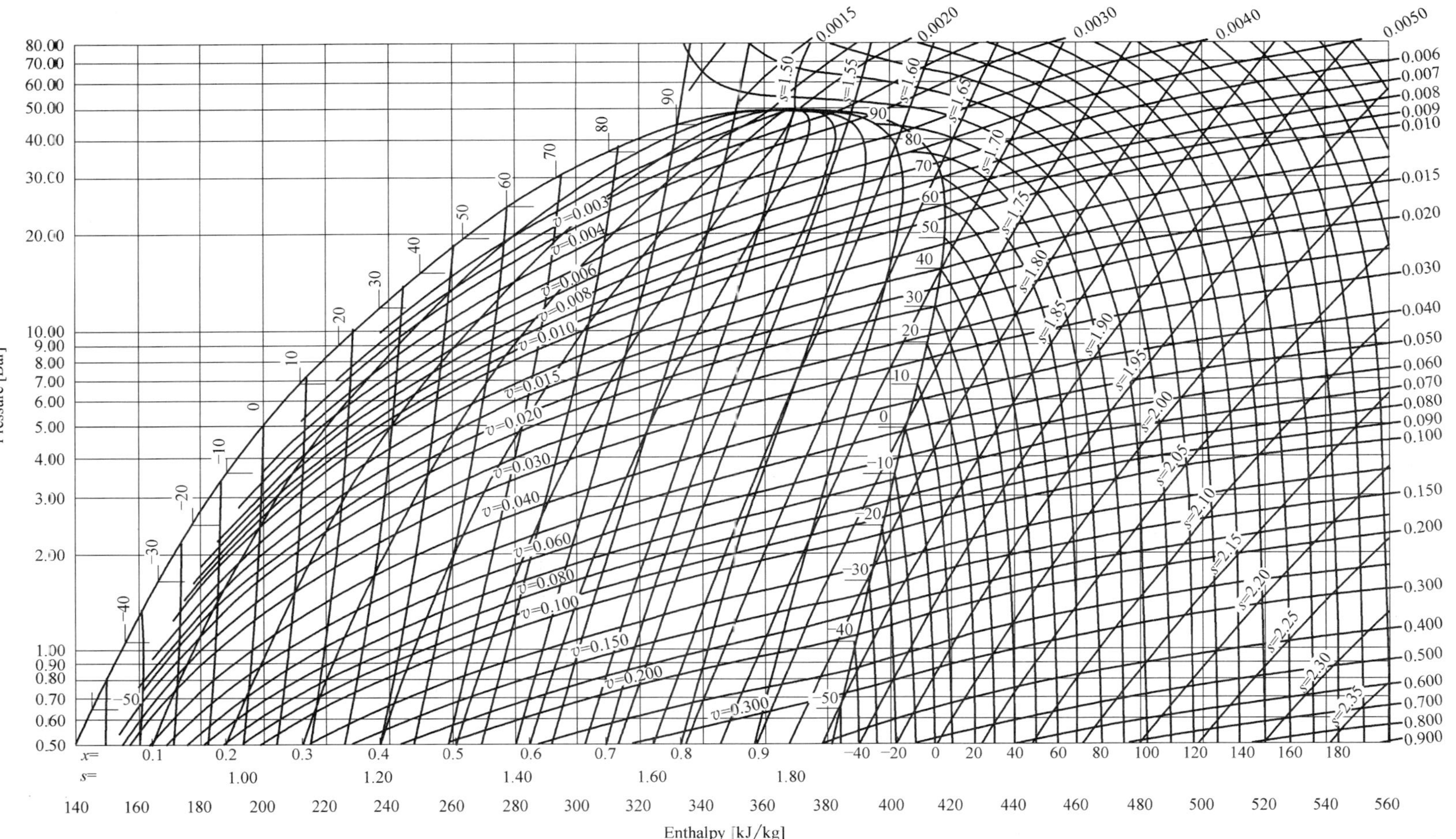

图 21-2　R22 制冷剂压焓图

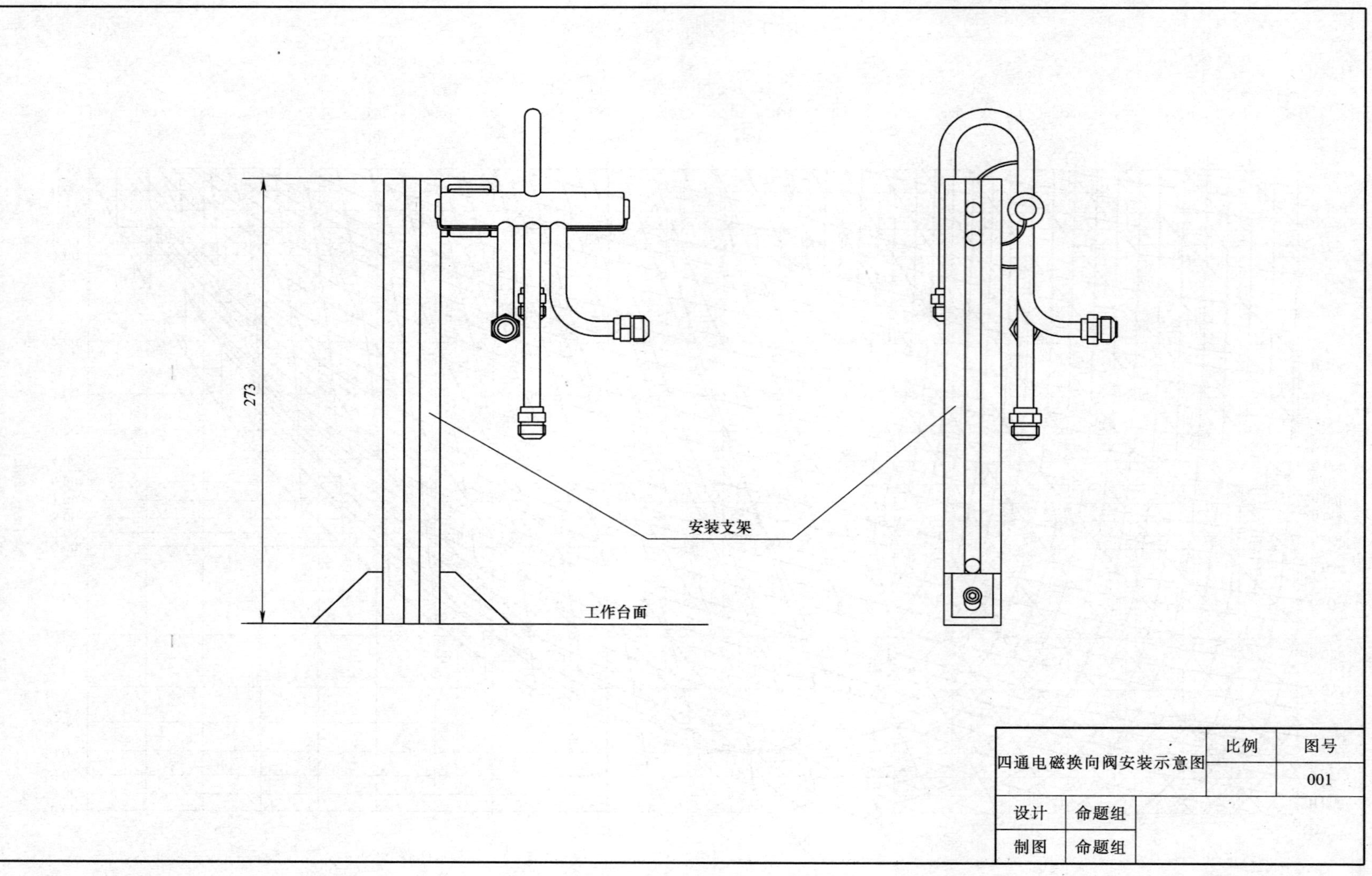

图 21-3　四通电磁换向阀安装示意图

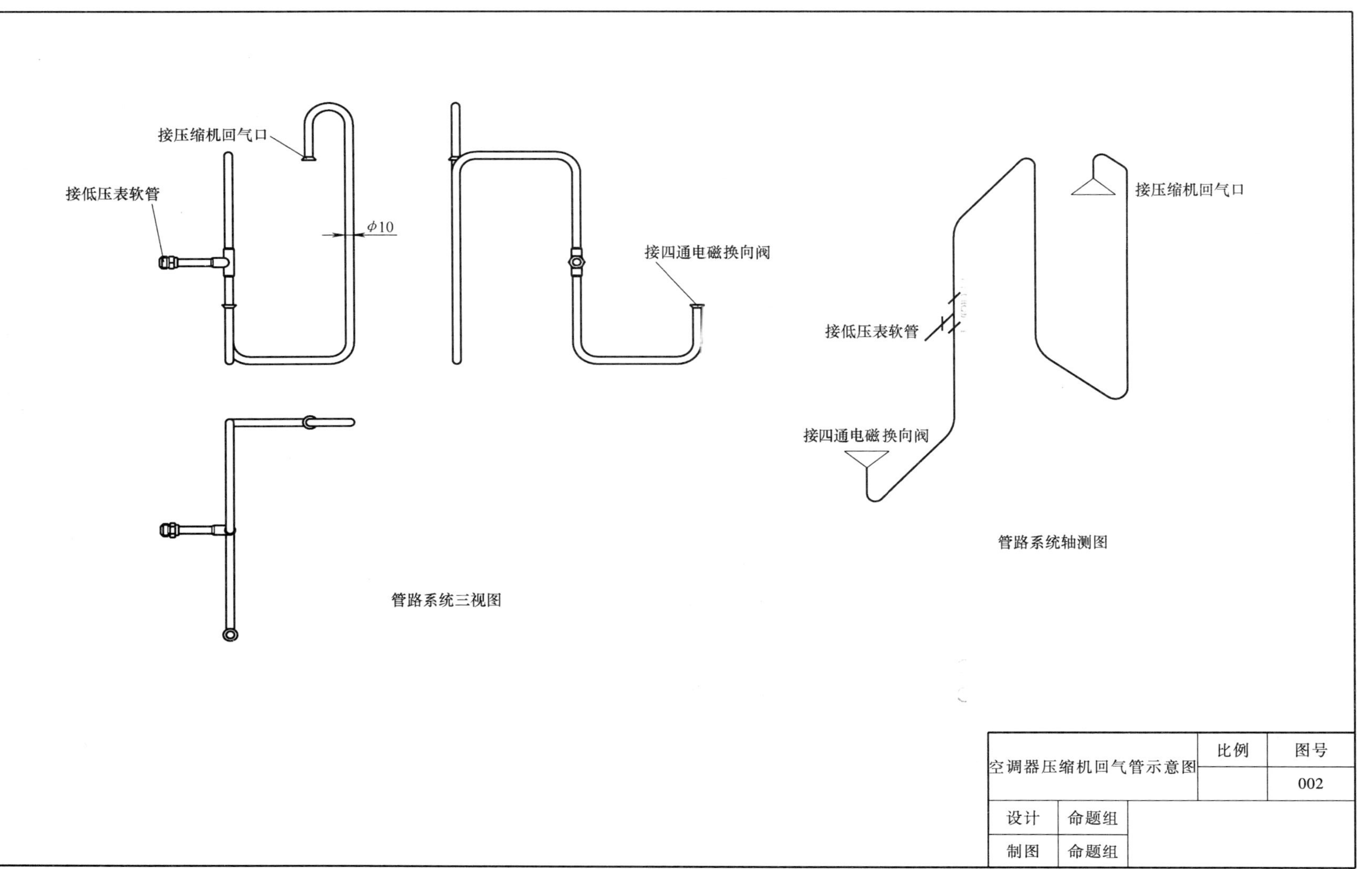

图 21-4 空调器压缩机回气管示意图

端子号	接线	端子号	接线
1	电源相线L	2	电源零线N
3	电源相线L	4	电源零线N
5		6	
7	空调器压缩机过热保护器一端	8	空调器四通电磁换向阀一端
9	压缩机起动端	10	室内风机中速风一端
11	空调器四通电磁换向阀一端	12	室内风机低速风一端
13	压缩机运行端	14	室内风机高速风一端
15	室外风机公共端	16	室内风机起动端
17	室外风机起动端	18	室内风机运行端
19	室外风机运行端	20	
21		22	空调器室内换热器管温传感器
23	空调器室内换热器管温传感器	24	空调器环境温度传感器
25	空调器环境温度传感器	26	
27		28	
29		30	
31	电源相线L	32	电源零线N
33	电源相线L	34	电源零线N
35		36	
37		38	
39		40	
41		42	
43		44	
45		46	冰箱压缩机PTC起动器一端
47	冰箱压缩机过热保护器一端	48	
49	冰箱门灯一端	50	冰箱门灯一端
51		52	
53	冰箱电子温控蒸发器传感器	54	冰箱电子温控蒸发器传感器
55	冰箱电子温控冷藏室传感器	56	冰箱电子温控冷藏室传感器
57		58	
59		60	
61	电源相线L	62	电源零线N
63	电源相线L	64	电源零线N

电气接线图		比例	图号
			003
设计	命题组		
制图	命题组		

图 21-5 电气接线图

2011年全国职业院校技能大赛（中职组）“制冷与空调设备组装与调试”操作技能任务书评分细则与部分答案

一、评分细则

任务	评分内容	项目	配分	评分标准
任务1　热泵型分体式空调器的组装与调试(60分)	空调制冷系统安装	系统组件安装	10	四通电磁换向阀按图安装得4分 二通阀在室外换热器一侧得1分 三通阀在室外换热器一侧得1分 四通电磁换向阀在室外换热器一侧得2分 压缩机在室外换热器一侧得2分
		系统管路安装	10	完成管路安装得4分 弯制排气管两个U形弯得1分 回气管U形弯围绕压缩机走管90°～120°得2分 按图弯制回气管得3分
		安装工艺	15	系统组件安装牢固得2分 组件安装距离便于操作得1分 室内机与室外机连接管路未分离走管得2分 室内外机组连接管路没有套保温管或其余管路多套保温管得2分 管路平直,管路未交错、管路未碰触组件等得1分/处,最多4分 管路弯曲部位未出现扭曲、疙瘩等情况得1分/处,最多2分 抽检喇叭口无褶皱、锐边、内壁划痕等现象得2分
	电气系统安装	线路功能	4	线路连接完成,无擅自改变端子排功能布局得2分 未接错线或接触不良得2分
		线路工艺	6	主电路、控制电路导线按要求分离布线得2分 套线码管且号码管数字方向一致得0.5分 外露引线套热塑管或黄蜡管得0.5分 导线焊接牢固得0.5分 正确区分电源端子的连接线颜色得0.5分 接线端子的导线镀锡无露铜得0.5分 恢复端子排绝缘端子盖得0.5分 连接线扎线得1分
	系统调试运行	系统的气密性	4	系统试压成功,未用制冷剂吹污或排空得1分 正确吹污得1分 保压压力合理数据记录准确得1分 保压时间符合要求得1分
		抽真空、充注制冷剂	5	抽真空操作规范得1分 抽真空时间符合要求得2分 真空值低于－65cmHg且数据记录准确得1分 压力表指针无明显摆动
		参数测量	6	压缩机电流测试方法正确得2分 参数值在有效范围内得4分(其中,低压压力为3.5～5.0bar,高压压力为16.5～21.0bar,管温传感器端电压为3.0～5.0V,压缩机电流为2.3～2.8A)

（续）

任务	评分内容	项目	配分	评分标准
任务2冰箱电气系统的连接与调试(15分)	冰箱调试运行	电气线路连接	7	完成线路连接,未改变端子排接线功能得2分 主电路、控制电路导线按要求分离布线得0.5分 套号码管且号码管数字方向一致得0.5分 外露引线套热塑管或黄蜡管得0.5分 导线焊接牢固得0.5分 电源端子的连接线按颜色区分得0.5分 接线端子的导线露铜镀锡得0.5分 恢复端子排绝缘端子盖得0.5分 门灯线路连接正确得1分 连接线扎线得0.5分
		电气故障维修	6	故障现象描述正确得3分 故障分析与结果描述正确得3分
		参数测量	2	参数在规定范围内得2分(其中,吸气压力为-0.4~-0.2bar,排气压力为4.0~6.0bar,管温传感器端电压高于2.0V,整机电流为0.43~0.50A)
任务3安全意识与职业素养评价(10分)	安全文明操作		10	未出现电气事故、制冷剂泄漏、损坏组件及工具得4分 穿劳动部门认定的电工绝缘鞋得1分 工作完成后未将工具等物品摆放在"装置"平台上和控制挂箱上得1分 未将材料、工具等放到他人场地得1分 完成任务能清理场地和整理工具得1分 无违规带电测量又未造成触电得2分

注：任务书中所有表格中参数数值不在有效范围则按错误数据处理，如数值正确但未填写单位或单位不对则扣相应分值的一半。

违规扣分：

1. 因未能做到节约环保，申领T形管扣10分/条，申领直径为3/8in铜管和ϕ6mm铜管5分/m。

2. 在完成工作任务过程中，因操作不当导致大量制冷剂泄漏扣10分。

3. 在完成工作任务过程中，因操作不当导致触电或烫伤中的一项扣10分。

4. 因违规操作，损坏赛场设备扣10分。

5. 扰乱赛场秩序，干扰评委的正常工作扣10分，情节严重者，经首席评委同意，取消参赛资格。

6. 在参赛过程中作弊，经首席评委同意，取消参赛资格。

任务4　相关理论知识部分参考答案（共15分）

（一）判断题（每题0.2分，共3分）

题号	1	2	3	4	5	6	7	8	9	10
答案	×	×	×	√	√	×	×	√	√	√
题号	11	12	13	14	15					
答案	√	√	×	×	√					

（二）单选题（每题0.5分，共7分）

题号	1	2	3	4	5	6	7	8	9	10
答案	B	C	D	C	B	D	C	D	A	C
题号	11	12	13	14						
答案	A	D	A	B						

（三）综合分析题（5分）

答1（2分）：略。

答2（3分）：

1-2为制冷剂的绝热压缩过程。压缩机把蒸发压力下的干饱和蒸气沿等熵线压缩成冷凝压力下的过热蒸气。

2-3为制冷剂的等压冷却过程。过热蒸气至点3时，冷却为干饱和蒸气。

3-4为制冷剂的等温等压冷凝过程，干饱和蒸气至点4时，冷凝为饱和液体。

4-5为制冷剂的等焓绝热节流过程。

5-1为制冷剂的等温等压蒸发过程。湿蒸气至点1时，蒸发为干饱和蒸气。